복숭아 재배

국립원예특작과학원 著

21세기사

복숭아 재배

Contents

제Ⅰ장 재배 역사

······ 009

제Ⅱ장 재배 현황

1. 세계의 복숭아 생산 및 무역 동향 ······ 012
2. 우리나라의 복숭아 산업 동향 ······ 018

제Ⅲ장 재배 환경

1. 기온 ······ 024
2. 일조와 강수량 ······ 027
3. 토양 ······ 029
4. 지형 ······ 030

제Ⅳ장 품종

1. 우리나라의 복숭아 품종 구성 ······ 032
2. 품종 선택 시 고려사항 ······ 037
3. 품종별 특성 ······ 042

제Ⅴ장 대목 및 번식

1. 대목 ······ 064
2. 번식 ······ 067

제VI장 개원 및 재식

1. 평지 ···· 074
2. 경사지 ···· 076
3. 재식 ···· 079

제VII장 정지·전정

1. 정의 및 목적 ···· 082
2. 복숭아나무 전정의 기초 ···· 083
3. 복숭아나무 전정 요령 ···· 088
4. 복숭아나무 전정의 주의점 ···· 091
5. 열매 맺는 습성과 열매가지의 종류 ···· 093
6. 복숭아나무의 여러 가지 수형(樹形) ···· 095
7. 열매가지 전정 ···· 101
8. 여름 전정과 웃자람가지 활용 ···· 104
9. 개심자연형 전정 ···· 110
10. Y자 수형 전정 ···· 115

제VIII장 결실 관리

1. 수분(受粉)과 수정(受精) ···· 120
2. 결실 조절 ···· 123
3. 봉지 씌우기 ···· 128
4. 착색 관리 ···· 130
5. 무봉지 재배 ···· 131

Contents

제IX장 토양 관리 및 시비

1. 토양 생산력 요인 ········ 134
2. 토양 개량 ········ 138
3. 표토 관리 ········ 141
4. 토양 수분 관리 ········ 143
5. 비료 성분의 역할 ········ 147
6. 시비 ········ 160

제X장 생리장해

1. 핵할(核割, 씨갈라짐) ········ 170
2. 열과(裂果, 열매터짐) ········ 172
3. 일소(日燒, 햇볕 데임) 현상 ········ 174
4. 수지(樹脂) 증상 ········ 176
5. 기지(忌地) 현상 ········ 178
6. 내부 갈변 ········ 181
7. 수확 전 낙과 ········ 183
8. 이상편숙과(異常偏熟果) 현상 ········ 185

제XI장 병해충 방제

1. 병해 ········ 188
2. 해충 생태 및 방제 ········ 205

제XII장 시설 재배

1. 현황 ························ 240
2. 시설 재배의 효과 ························ 241
3. 입지 조건 및 하우스 구조 ························ 243
4. 재배 관리의 유의점 ························ 245

제XIII장 수확 및 선별

1. 적숙기 판정 ························ 248
2. 착색 관리 및 수확 방법 ························ 252
3. 수확 후 품질 변화 요인 ························ 256
4. 예냉 ························ 258
5. 기능성 포장재를 이용한 저장 ························ 261
6. 저장 ························ 264
7. 선별 및 등급 규격 ························ 266
8. 유통 ························ 271

부록 및 특집

부록. 농작업 유해요인 진단 분석 및 개선 방안 ························ 273

제 Ⅰ 장
재배 역사

우리나라에서 복숭아 재배가 언제, 어떻게 시작되었는지는 불명확하나 밀양시 금천리에서 출토된 3천 년 전의 복숭아 핵이나 고조선 이후 한중 교역 기록 등으로 미루어보아 소규모 재배는 오래된 것으로 추정된다. 역사기록으로는 삼국사기 백제본기 온조왕 삼년(기원전 16년) 동시월조에 "겨울에 우레가 일어나고 복숭아와 오얏 꽃이 피었다(冬十月雷桃李華)"라고 기록된 것이 가장 오래된 것이다.

신증동국여지승람(新增東國與地勝覽, 1530년)에는 복숭아가 고려 말에서 조선 개국 초의 과일 중 하나로 소개되고 있다. 허균의 도문대작(屠門大嚼, 1615년)에는 '자도(紫桃)', '황도(黃桃)', '반도(盤桃)', '승도(僧桃)', '포도(浦桃)' 등 5품종이, 해동농서(海東農書, 1776~1800년)에는 '모도(毛桃)', '승도(僧桃)', '울릉도(鬱陵桃)', '감인도(甘仁桃)', '편도(遍桃)', '홍도(紅桃)', '벽도(碧桃)', '삼색도(三色桃)' 등 9품종이 기록되어 있다. 또 1910년대에 경기도청에서 조사한 경기도의 재래종 복숭아 품종으로 '5월도(五月桃)', '6월도(六月桃)', '7월도(七月桃)', '8월도(八月桃)', '승도(僧桃)', '감향도(甘香桃)', '시도(柿桃)', '지나도(支那桃)', '소도(小桃)' 등 10품종이 기록되어 있어 다양한 재래종들이 존재하였음을 알 수 있다.

박세당의 색경(穡經, 1668~1689년)은 복숭아 종자의 파종법과 이식법, 노목의 재생법 등을 기술하고 있어 재배 기술 또한 상당히 발전되어 있었음을 짐작케 한다. 오늘과 같은 복숭아 품종의 재배는 조선의 개항과 함께 시작되었는데 일본에서 이주해 온 나가노(中野喜代吉) 씨가 1890년대 중반에 인천항 부근 경사지에서 복숭아, 배, 사과 등을 재배하였다. 1902년에는 소사 부근(현재의 경기도 부천시)의 소사농원이, 1904년에는 송병준 씨가 일본으로부터 도입한 복숭아 품종을 재배하였다는 기록이 있으며, 1904년 소사 부근의 한 농장에서는 '천진(天津)' 등 4품종을 재배하였다고 한다.

도입 품종들의 본격적인 재배는 1906년 설치된 원예모범장에서 미국, 중국 및 일본 도입 품종을 시험 재배하고, 이주 일본인들이 1913~1914년도에 부산, 인천, 원산, 진남포항을 통하여 일본으로부터 많은 복숭아 묘목을 수입하여 재배함으로써 이루어지게 되었다.

제Ⅱ장

재배 현황

1. 세계의 복숭아 생산 및 무역 동향
2. 우리나라의 복숭아 산업 동향

01 세계의 복숭아 생산 및 무역 동향

2010년 FAO 생산통계에 의하면 전 세계적으로 80여 개국 1,537,400ha에서 연간 20.3백만t의 복숭아가 생산되고 있다. 2000년 대비 재배 면적은 1.2배, 생산량은 1.5배 증가하였으며 그중에서도 중국의 생산량은 2.8배 증가하였다. 주요 생산국은 중국, 이탈리아, 스페인, 미국 등이며 일본은 우리나라와 거의 비슷한 수준이다.

표1 세계의 주요 국가별 복숭아 산업 현황

주요 국가	재배 면적(천ha)			생산량(천MT)		
	2000	2005	2010	2000	2005	2010
세계	1,259.7	1,468.2	1,537.4	13,370.9	17,790.6	20,278.4
중국	467.5	679.8	731.3	3,851.9	7,649.7	10,720.5
이탈리아	93.0	87.1	90.3	1,655.3	1,693.2	1,590.7
스페인	72.2	79.1	73.0	1,129.9	1,260.9	1,134.8
미국	77.2	71.8	59.5	1,412.4	1,301.9	1,044.4
칠레	17.8	19.7	19.3	260.0	311.0	357.0
한국	13.9	15.0	13.9	170.0	223.7	138.6
일본	10.7	10.3	10.0	174.6	174.0	136.7

※ 자료: 국제연합식량농업기구(FAO) 생산통계

2009년도 국가별 수출량은 스페인이 564천t으로 가장 많고 그다음 이탈리아, 칠레, 그리스, 미국 순으로 많다. 그중 미국 캘리포니아와 칠레산 복숭아는 대만, 홍콩 등 동남아시아 국가로까지 수출되고 있다.

표2 세계 주요국의 복숭아 수출량

국가	수출량(천MT)			시장점유율(%)
	2000	2005	2009	2009
스페인	259	387	564	45.9
이탈리아	354	362	280	22.8
칠레	84	110	96	7.8
미국	76	46	46	3.8

※ 자료: 국제연합식량농업기구(FAO) 생산통계

표3 주요 국가의 복숭아 수급 현황

(단위: 천t)

국가	연도	공급			소비		
		생산	수입	총 공급	수출	신선과	가공
칠레	2007	175	0	175	105	69	2
	2011	159	0	159	98	59	3
유럽연합	2007	4,050	42	4,091	194	3,221	653
	2011	3,904	30	3,934	300	2,968	649
러시아	2007	43	133	176	0	176	0
	2011	30	250	280	0	280	0
대만	2007	28	38	66	0	66	0
	2011	33	25	57	0	57	0
미국	2007	1,269	60	1,329	105	611	612
	2011	1,210	50	1,260	110	628	522

※ 자료: 미국 농무성 국외농업청(USDA/FAS). 2011.

중국은 2009년도에 703천ha에서 10,040천t의 복숭아를 생산하였으나 매년 증가하여 2011년도에 720천ha에서 11,550천t을 생산하였으며 수출량은 42천t에 이르고 있다. 2009년도 성(省)별 생산량은 산둥성이 가장 많은 2,442.6천t으로 전국의 24.3%를 차지하고 있으며 그다음이 허베이성 1,444.9천t(14.4%), 허난성 938.6천t(9.3%) 순으로 많다.

표4 중국의 연도별 복숭아 수급 현황

국가	2009	2010	2011(추정)
재배 면적(천ha)	703	714	720
생산량(천t)	10,040	10,515	11,550
신선과 소비(천t)	865.2	9,187.2	9,758
수출(천t)	40.0	27.8	42.0
가공(천t)	1,350	1,300	1,750

※ 자료: 미국 농무성 국외농업청(USDA/FAS)

표5 중국의 연도별 복숭아 재배 면적 및 생산량

성	2007		2008		2009	
	재배 면적(천ha)	생산량(천t)	재배 면적(천ha)	생산량(천t)	재배 면적(천ha)	생산량(천t)
전국	697.0	9,051.8	695.1	9,534.4	703.3	10,040.2
산둥(山東)	108.8	2,347.5	98.1	2,437.8	95.2	2,442.6
허베이(河北)	64.6	1,370.7	93.9	1,430.4	89.0	1,444.9
허난(河南)	76.0	774.8	69.5	850.9	70.3	938.6
후베이(湖北)	44.2	502.3	44.9	510.6	46.9	566.6
쓰촨(四川)	40.9	358.8	43.4	392.9	43.8	410.3
장쑤(江蘇)	30.7	389.9	31.6	433.8	33.1	437.9
산시(陕西)	27.2	391.1	28.1	441.2	31.4	485.5

※ 자료: 중국 농업통계

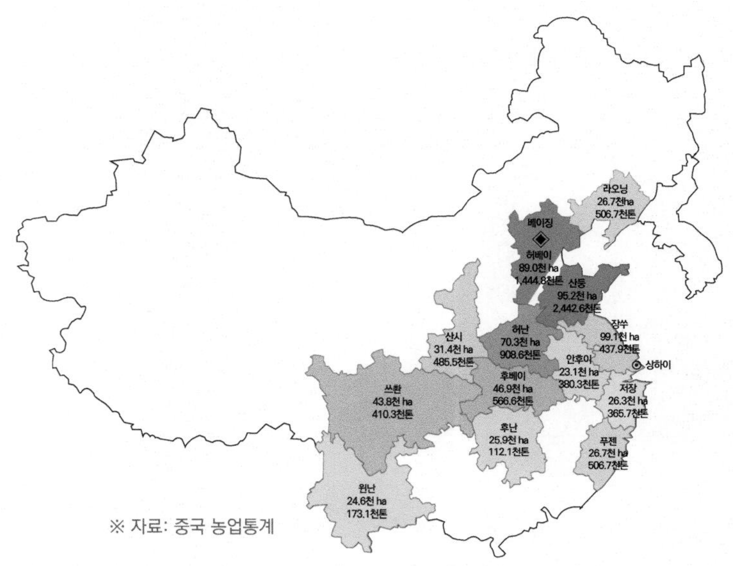

〈그림 1〉 중국의 주요 복숭아 생산 지대(2009년)

일본의 경우 연도별 재배 면적(結果樹 면적)은 1973년도에 17,000ha였으나 2011년도에는 9,980ha로 감소하여 총 139,800t이 생산되었다. 현별로는 야마나시현이 3,280ha(전국의 32.8%)로 가장 많고 그다음이 후쿠시마현, 나가노현 순이다.

표6 일본의 연도별 복숭아 재배 면적 및 수확량

연도	결과수 면적 (ha)	수확량 (t)	출하량 (t)
1973	17,000	281,400	261,800
1980	15,100	244,600	230,400
1985	13,900	205,400	191,400
1990	12,500	189,900	175,900
1995	11,100	162,800	150,700
2000	10,700	174,600	162,400
2010	10,000	136,700	125,700
2011	9,980	139,800	128,100

※ 자료: 일본농림수산성 통계자료

표7 일본 지역별 복숭아 재배 면적 및 수확량(2011년)

도도부현	결과수 면적 (ha)	10a당 수량 (kg)	수확량 (t)	출하량 (t)
전국	9,980	1,400	139,800	128,100
야마나시(山梨)	3,280	1,510	49,500	46,600
후쿠시마(福島)	1,560	1,860	29,000	26,500
나가노(長野)	1,090	1,560	17,000	15,700
와카야마(和歌山)	775	1,350	10,500	9,610
오카야마(岡山)	654	1,070	7,000	6,270
야마가타(山形)	576	1,480	8,520	7,710

※ 자료: 일본농림수산성 통계자료

표8 일본 복숭아 주요 재배품종(2009년)

품종	재배 면적(ha)
아카츠키(あかつき)	1,744.0
백봉(白鳳)	1,512.0
천중도백도(川中桃白桃)	1,242.9
일천백봉(日川白鳳)	987.0
천간백도(淺間白桃)	430.4
청수백도(淸水白桃)	392.2
미사카백봉(みさか白鳳)	190.8
대구보(大久保)	185.7
일궁수밀(一宮白桃)	183.1
가납암백도(加納岩白桃)	181.0
나츠코(なつっこ)	168.0
유조라(ゆうぞら)	148.6
효성(曉星)	116.4
치요히메(ちよひめ)	110.2
천중도백봉(川中桃白鳳)	106.3

※ 자료: 일본농림수산성 통계자료

품종별 재배 면적은 '아카츠키'가 가장 많은 1,744ha로 전체의 17.5%를 차지하고 있으며 그다음이 '백봉' 1,512ha(15.2%), '천중도백도' 1,243ha(12.5%) 순으로 많다. 또한 '효성', '치요히메', '하나요메', '일궁수밀', '마도카', '유메시즈쿠', '나츠오토메' 등의 복숭아 재배 면적이 최근 증가하고 있는 추세이다.

한편 천도(天桃)의 경우에는 오래 전부터 재배되어 온 '판타지아(Fantasia)', '수봉', '메이그랜드(May Grand)', '플레이버탑(Flavortop)' 등이 30ha 이상에서 재배되고 있지만 품종별 재배 면적은 털복숭아에 비하여 아주 적은 수준이다.

표9 일본의 천도 복숭아 품종별 재배 면적(2009년)

품종	판타지아	수봉	메이 그랜드	플레이버 탑	수야 넥타린	조생 넥타린
재배 면적(ha)	47.1	44.1	33.5	30.8	19.2	10.6

※ 자료: 일본농림수산성 통계자료

일본의 신선 복숭아 수출은 주로 대만, 홍콩으로 이루어지고 있는데 2012년도에는 총 436t의 복숭아가 수출되었다. 한편 신선 복숭아 수입은 1999년부터 2005년까지 우리나라와 미국으로부터 100t 이하로 수입되었으나 무역통계상 2006년부터는 수입 실적이 없다.

표10 일본의 신선 복숭아 수출

연도	대상국별 수출량(t)				
	계	대만	홍콩	싱가폴	기타
2008	561.6	421.4	135.0	1.5	2.0
2009	513.8	305.9	203.5	2.6	1.8
2010	494.1	260.6	228.6	2.8	2.1
2011	280.4	121.6	155.9	2.8	0.9
2012	436.1	190.6	269.7	4.2	1.6

※ 자료: 일본 재무성 무역통계

02 우리나라의 복숭아 산업 동향

Growing Peaches

우리나라의 복숭아 재배 면적은 1991년 우루과이 농업협상(UR)에 의한 가공용 복숭아 수입자유화로 가공용 황도 복숭아 과원이 폐원(총 686ha 중 309ha)됨에 따라 1996년까지 감소하였다가 이후 다시 증가하였다. 그러다 한국·칠레 자유무역협정(FTA) 발효로 인해 생산성 낮은 복숭아 과원이 폐원하여 2004년부터 2008년까지 감소하였다가 2009년부터 다시 증가하는 추세이다. 2010년도 말 13,098ha에서 138,580t의 복숭아가 생산되었으나 한미 FTA 발효와 한중 FTA로 앞으로 복숭아 재배 면적은 감소될 것으로 전망된다(그림 2).

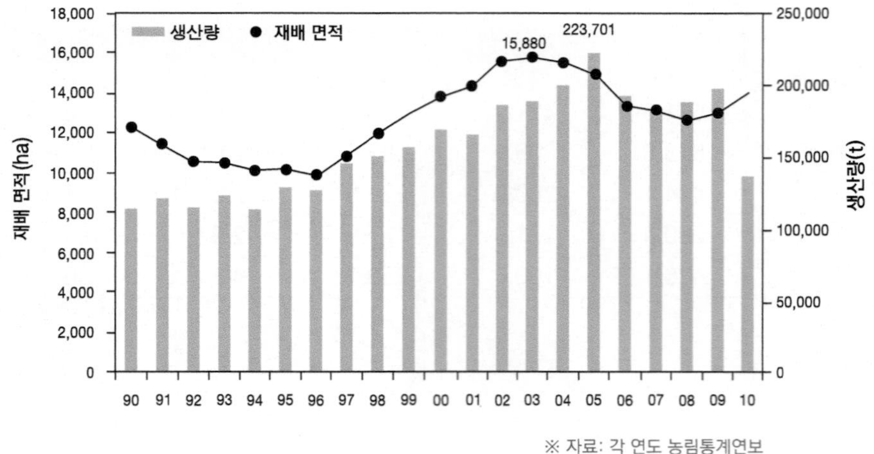

※ 자료: 각 연도 농림통계연보

〈그림 2〉 우리나라의 연도별 복숭아 재배 면적 및 생산량 변화

2010년도 시·도별 재배 면적과 생산량은 경북이 가장 많아 6,011ha(전국의 43.2%)에서 60,587t(전국의 43.7%)을 생산했으며 그다음이 충북으로 3,826ha에서 33,567t을 생산하였다.

표11 시·도별 복숭아 재배 면적 및 생산량(2010년)

시·도 지역	재배 면적(ha)	생산량(t)
전국	13,908	138,580
경기	1,046	9,378
강원	679	5,716
충북	3,826	33,567
충남	638	9,268
전북	754	9,473
전남	386	4,585
경북	6,011	60,587
경남	283	2,935

※ 자료: 농림수산식품부. 농림수산식품통계연보

시·군별로는 2002년까지는 영천, 청도, 경산 지역이 1,000ha 이상으로 많았으나 2007년도에 이들 3개 시·군의 재배 면적은 감소한 반면 충주, 음성, 이천 등 수도권에서 가까운 지역의 재배 면적이 증가하는 추세이다.

한편 우리나라 복숭아 재배 농가의 영농 규모는 1997년과 비교하면 농가당 규모가 약간 증가하는 추세였으나 2007년 0.5ha 미만 농가 비율이 65.6%로 여전히 높은 편이었다.

표12 주산지별 재배 면적 변화

시·군	1997		2002		2007	
	재배 면적 (ha)	점유율 (%)	재배 면적 (ha)	점유율 (%)	재배 면적 (ha)	점유율 (%)
전국	11,107	100.0	15,578	100.0	13,338	100.0
영천	955	8.6	1,999	12.8	1,278	9.6
충주	338	3.0	882	5.7	1,206	9.0
경산	1,476	13.3	1,772	11.4	1,167	8.7
청도	1,940	17.5	1,913	12.3	936	7.0
음성	420	3.8	670	4.3	916	6.9
이천	286	2.6	576	3.7	659	4.9
영동	93	0.8	263	1.7	461	3.5
연기	319	2.9	427	2.7	407	3.1

※ 자료: 농림부. 과수실태조사

표13 우리나라 복숭아 규모별 재배 면적 및 농가 수

연도	농가 수 (호)	농가 규모(ha/%)					
		0.5 미만	0.5~1.0	1.0~2.0	2.0~3.0	3.0~5.0	5.0~10.0
1997	29,930 (100.0)	22,405 (74.9)	5,749 (19.2)	1,596 (5.3)	140 (0.5)	36 (0.1)	4 (0.01)
2002	35,424 (100.0)	24,892 (70.3)	7,645 (21.6)	2,509 (7.1)	246 (0.7)	119 (0.3)	13 (0.04)
2007	27,085 (100.0)	17,781 (65.6)	6,304 (23.3)	2,558 (9.4)	332 (1.2)	104 (0.4)	6 (0.02)

※ 자료: 농림부. 과수실태조사

한편 우리나라의 신선 복숭아 수입은 아직까지 되고 있지 않으나 수출은 1998년부터 일본, 대만, 홍콩 등으로 소량 시험 수출되고 있는 정도이다.

표14 **우리나라의 신선 복숭아 수출량 변화**

(단위: t)

연도	계	일본	대만	홍콩	기타
1998	2				2
1999	25	16			9
2000	23	3		16	4
2001	90	72		2	16
2002	132	7	110	1	14
2003	5		3	1	1
2004	39	21	17		1
2005	12	5	7		
2006	2			1	1
2007	16	16			
2008	3	2		1	
2009	10	3		1	6
2010	26	1		15	10
2011	25			12	13
2012	41			26	15
합계	451	146	137	76	92

※ 자료: 관세청 무역통계

제 Ⅲ 장
재배 환경

1. 기온
2. 일조와 강수량
3. 토양
4. 지형

01 기온

우리나라는 대부분의 지역에서 복숭아 재배가 가능하다. 그러나 여주, 이천, 장호원, 충주 등 내륙 지방에서는 겨울철 저온으로 심한 동해(凍害)를 입어 나무가 죽거나 꽃눈 피해로 수량이 감소하는 등 수확을 거의 못하는 경우도 있다. 이러한 지역은 15년에 한 번 꼴로 -25~-27℃ 이하의 저온이 예상되어 재배가 불안정하기 때문에 특별한 대책이 필요하다(그림 3).

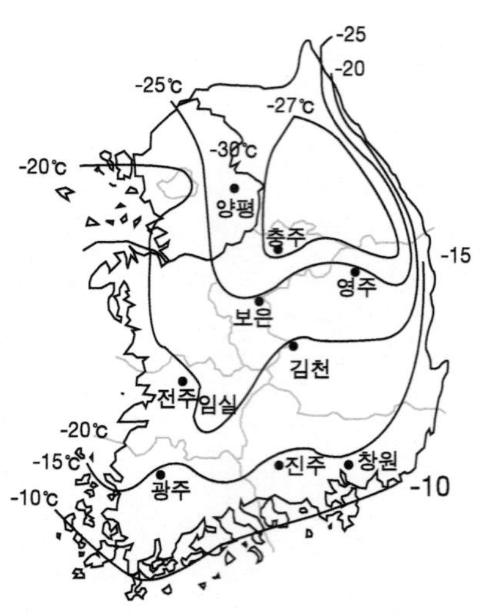

〈그림 3〉 연 최저 기온의 재현주기(15년 기대치)

복숭아 꽃눈의 내한성은 사과, 배, 포도보다 약하며 내한성이 가장 강한 시기인 자발휴면 기간이라도 기온이 -25.5℃ 이하로 떨어지면 거의 대부분의 품종이 나무 자체가 얼어 죽는다(표 15).

표15 과수 재배 적지의 연평균 기온, 강수량 및 겨울철 한계 저온

과종	연평균 기온(℃)	강수량(mm) (4월~10월)	한계 저온(℃)
사과	8~11	600~800	-30~-35
배	12~15	900~1,000	-25~-30
복숭아	12~15	800~1,300	-20~-25
살구	11~15	800~1,000	-20~-25

표16 복숭아 주요 생산지의 연도별 최저 기온

시·군	2006	2007	2008	2009	2010	2011
춘천	-16.6	-13.9	-16.2	-16.8	-21.3	-22.5
원주	-16.0	-13.0	-13.7	-15.3	-19.4	-18.6
이천	-15.5	-14.1	-14.3	-16.6	-22.8	-20.6
충주	-17.3	-13.1	-13.9	-16.8	-21.4	-19.3
전주	-13.1	-7.2	-10.8	-12.9	-10.9	-13.4
임실	-17.5	-12.3	-14.5	-18.8	-15.5	-18.7
남원	-15.1	-9.6	-12.9	-18.4	-18.3	-17.0
순천	-13.8	-8.6	-10.5	-12.8	-12.7	-13.2
상주	-12.5	-9.1	-11.4	-13.8	-12.6	-15.8
영천	-13.3	-10.8	-12.9	-14.4	-13.3	-15.1

※ 자료: 기상청 기후자료

꽃눈의 내한성은 생육 시기와 나무의 영양 상태, 저온이 찾아오기 전의 기상 조건에 따라서 큰 차이를 보인다. 즉 가을에 낙엽 후 시일이 지남에 따라 내한성이 증가하여 자발휴면기인 12월 중순~1월 중순에 최고에 달한다. 그 이후에는 점차 약해져 꽃봉오리 피는 시기부터 만개기까지는 -2.3℃ 정도에서, 낙화 이후부터 유과기에는 -1.9℃에서 동해를 입는다(표 17).

표17 복숭아 아카츠키의 안전 한계 온도

구분	꽃봉오리 적색기	꽃잎 노출 초기	꽃잎 노출기~만개기	낙화기~유과기
안전 한계 온도[1]	-2.3	-2.3	-2.3	-1.9
WSU 온도지표[2]	-5.0	-3.9	-3.3~ -2.8	-2.2

1 식물체 온도가 이 지표 온도 이하에서 1시간 놓이게 된 경우 꽃눈이 조금이라도 장해를 받을 위험이 있는 온도
2 미국 워싱턴주립대에서 '엘버타(Elberta)' 품종에 대해 작성한 지표로, 식물체 온도가 이 지표 이하에서 30분간 놓이게 된 경우 10%의 꽃눈이 장해를 받는 온도

※ 자료: 과실일본 67(4):28-31.

자발휴면 기간이라도 따뜻한 날씨가 계속되다가 갑자기 저온이 닥칠 경우 내한성이 약해지기도 한다. 병해충 피해로 일찍 낙엽되거나 착과량이 지나치게 많아 저장양분 축적이 부족한 경우 또는 질소 비료를 많이 준 경우도 내한성이 약하다. 동해가 심할 경우에는 꽃눈뿐만 아니라 가지 또는 원줄기가 얼어 죽기도 한다.

한편 복숭아의 자발휴면 타파를 위해서는 7℃ 이하의 온도가 일정 시간 필요하다. 6℃에서는 1,450시간 정도로 가장 짧았지만 온도가 이보다 높거나 낮을수록 더 많은 시간이 요구되었다.

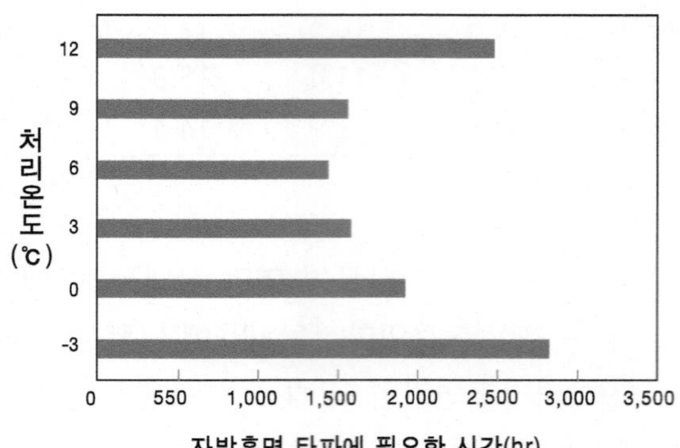

※ 자료: 과실일본 67(4):28-31.

〈그림 4〉 처리온도별 복숭아의 자발휴면 타파에 필요한 시간

02 일조와 강수량

Growing Peaches

복숭아는 특히 햇빛에 민감한 편으로 수관 내부의 열매가지가 쉽게 말라 죽는 것도 이 때문이다.

수확기 직전부터 수확기에 걸쳐 강우가 많을 때에는 복숭아의 품질이 떨어질 뿐만 아니라 병 발생이 많고 수확 작업, 수송, 판매에 어려움이 많다. 그러므로 품종 선택에 있어서 재배 지역의 기상 조건을 충분히 검토하여 비가 많은 시기와 수확기가 일치하지 않도록 하는 것이 좋다.

백도계 복숭아는 여름철 고온다습한 조건에서도 생육이 가능하고 결실도 좋은 편이나 본래는 건조기후에 적합한 과수이다. 유럽계 복숭아는 생육 기간 중 비가 많이 오면 영양생장이 지나치게 왕성해지고 꽃눈 맺힘도 나빠지며 탄저병 발생이 심해지므로 비가 적게 오는 지역에 적합하다.

5~6월의 새가지가 자라는 시기에 비가 많이 오면 일조량이 부족하여 탄소동화작용이 떨어질 뿐만 아니라 토양이 다습하게 되어 뿌리의 생리 기능도 떨어진다. 또 새가지의 생장이 왕성하게 되어 양분의 소모가 많아져 배(胚)의 발육과 양분 경쟁이 일어나 생리적 낙과가 심하게 된다.

여름에 비가 많이 오면 일조 부족으로 과실 내 당분 축적이 떨어져 품질이 낮아지는데, 품종에 따라서 열과의 원인이 되기도 하며 병해 발생도 심해진다. 따라서 복숭아는 비가 적게 오는 지방에서 재배하는 것이 유리하다.

표18 복숭아 주산지별 생육기간(4~9월)의 기상

주산지	평균 기온(℃)		강수량(mm)		일조시간	
	연간	생육 기간	연간	생육 기간	연간	생육 기간
대전	12.1	20.4	1,360	1,095	2,186	1,193
충주	11.1	19.9	1,162	954	2.506	1,401
전주	12.9	20.9	1,296	1,010	2,094	1,112
광주	13.2	20.9	1,357	1,063	2,257	1,186
영천	12.2	20.2	982	783	2,366	1,252
영덕	12.6	19.6	1,021	729	2,836	1,492

03 토양

복숭아는 과수 중에서 내습성이 매우 약한 편에 속하며, 물 빠짐이 나쁜 곳에서는 나무가 말라 죽거나 발육이 나빠지고 수명도 짧아진다. 따라서 물 빠짐이 좋고 지하수위가 높지 않은 양토 또는 사양토가 적지이다.

한편 복숭아는 건조에 강한 과수이기는 하나 모래땅(沙質土)은 보수력이 약하여 가뭄 피해를 입기 쉬우므로 관수 시설이 없으면 재배가 곤란하다. 점토에서 복숭아를 재배하고자 할 때는 속도랑 배수를 충분히 해주는 동시에 나무 주위를 깊이갈이해서 토양의 물리성을 개량해 줌으로써 수량을 높일 수 있다.

복숭아 재배에 적합한 토양 산도(pH)는 4.9~5.2 범위로 우리나라 토양이재배에 적합하다. 그러나 무기 성분의 흡수 이용 면에서 볼 때 어느 과수에서나 토양 산도가 중성에 가까운 것이 이상적이므로 석회를 줄 필요가 있다.

04 지형

복숭아는 평탄지에서 재배하는 것이 관리 면에서 유리하나 내건성이 강한 과수이므로 조금만 관리에 유의한다면 경사지에서도 성공적으로 재배할 수 있다.

경사의 방향이 남향 또는 동남향일 때 일조가 좋으므로 과실 성숙이 촉진되고 품질이 좋아지나 가뭄 피해를 받기 쉽다. 또한 서향일 때는 원줄기에 동해 또는 일소의 피해를 받기 쉬우므로 주의하여야 한다. 반대로 북향일 때는 일조가 나쁜 경향이 있으나 건조 피해가 적다. 개화 전에 따뜻한 날씨가 계속되다가 갑자기 저온이 닥칠 경우 남향면 경사지에서는 꽃눈이 동해를 받기 쉬우나 북향일 때는 동해를 받는 일이 적다.

사방이 산으로 막힌 분지에서는 개화 전후에 늦서리 피해가 흔히 있으므로 복숭아 과원을 선정할 때는 이러한 지형을 피해야 한다. 경사지 재배 시엔 토양 침식 방지를 위하여 초생 재배를 한다든가 부초 재배를 하도록 한다.

바람이 센 경사면에서는 복숭아에 세균성구멍병의 발생이 심하므로 심지 않는 것이 좋으며, 센 바람을 막을 수 있는 방풍림을 조성하면 상당한 방제 효과가 있다. 평지라도 바람이 센 곳에서는 같은 조치가 필요하다.

제Ⅳ장
품종

1. 우리나라의 복숭아 품종 구성
2. 품종 선택 시 고려사항
3. 품종별 특성

01 우리나라의 복숭아 품종 구성

재배 품종의 연대별 구성비는 4대 품종인 '유명', '창방조생', '백도', '대구보'의 재배 면적이 1982년도에는 전체의 51.7%였고 1992년도에는 66.7%까지 증가하였다. 그러나 2007년도에는 19.6%로 낮아졌으며 대신 '천중도백도', '장호원황도'의 재배 면적이 18.6%로 크게 증가하였다. 한편 털 없는 천도의 경우 1980년대에는 '수봉', '흥진' 위주였으나 1990년대에는 미국 및 유럽으로부터 도입된 '레드골드(Redgold)', '판타지아(Fantasia)', '암킹(Armking)'과 신품종인 '천홍'의 재배 면적이 크게 증가하여 전체 천도 재배 면적의 16.8%까지 상승하였다. 그러나 2000년대에 들어와서는 '천홍', '암킹' 재배 면적이 크게 감소하여 2007년도에는 총 재배 면적이 전체의 9.6%로 감소하였다.

재배 품종별 변천 과정을 살펴보면 조생종 중에는 '창방조생'이 가장 많은 재배 면적을 차지하고 있었다. 그러나 1992년 이후로 재배 면적이 급격히 줄었고 '창방조생'의 변이지인 '월봉조생'의 재배 면적이 증가하였으나 2007년 들어 다시 감소하였다. 또한 천도 품종인 '암킹'의 재배 면적도 1992년 이후로 급격히 증가하였으나 품질이 우수하지 않은 등의 이유로 다시 감소하였다. 1997년에는 조생종 품종이 복숭아 전체 재배 면적의 27% 정도로 복숭아의 숙기 배분이 어느 정도 이루어졌으나 6~7월의 잦은 강우로 인해 조생종 품종의 품질 유지가 어렵고 수량성 등의 변화도 심해 그 비율이 2007년에는 14%까지 감소하였다.

표19 **재배 품종의 연도별 재배 면적 변화**

구분	품종	1982	1987	1992	1997	2002	2007
털 복숭아	천중도백도			6.2	43.9	619.9	1,282.7
	장호원황도				155.6	873.9	1,122.0
	유명	189.6	1,686.7	2,493.1	1,682.3	1,410.6	928.2
	백도	2,249.5	1,226.9	1,213.9	859.0	1,154.3	825.9
	미백	289.0	427.7	434.0	566.0	838.9	692.3
	황도1호	296.2	168.8	450.0	277.0	453.6	660.1
	월미			12.6	227.1	744.7	525.3
	창방조생	1,332.2	2,579.8	2,462.7	1,455.9	1,026.3	521.2
	아부백도				103.6	495.6	414.7
	월봉조생			11.3	168.4	427.9	357.1
	대구보	945.4	1,245.6	1,156.3	934.0	644.8	258.5
	백봉	8.1	13.0	45.5	40.0	124.8	220.0
	기도백도	145.2	434.2	243.4	265.7	238.1	172.3
	신백도	56.3	54.6	26.2	110.4	259.6	132.0
	서미골드			0.0	9.8	242.6	127.0
	백미		84.8	113.6	161.7	137.1	107.4
천도	천홍				768.5	1,114.5	519.8
	레드골드			5.0	108.8	372.7	318.9
	판타지아			4.2	43.3	203.8	184.0
	암킹			20.1	537.7	324.8	158.5

※ 자료: 농림부. 과수실태조사

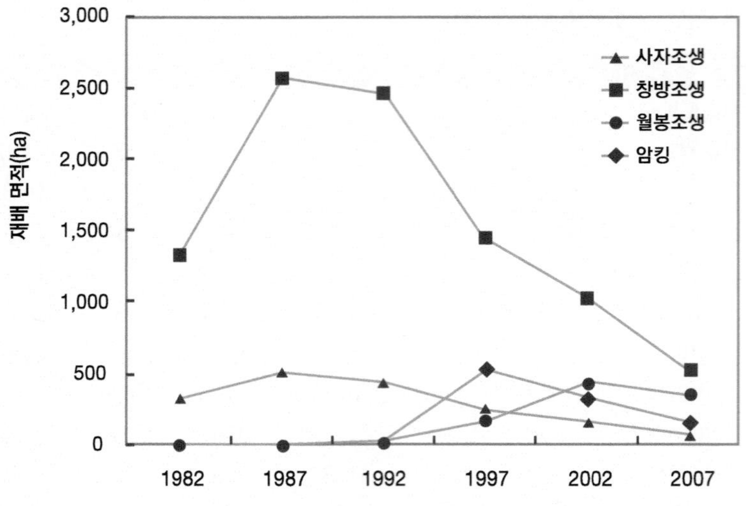

※ 자료: 농림부. 과수실태조사

〈그림 5〉 조생종 복숭아 품종별 재배 면적 변화

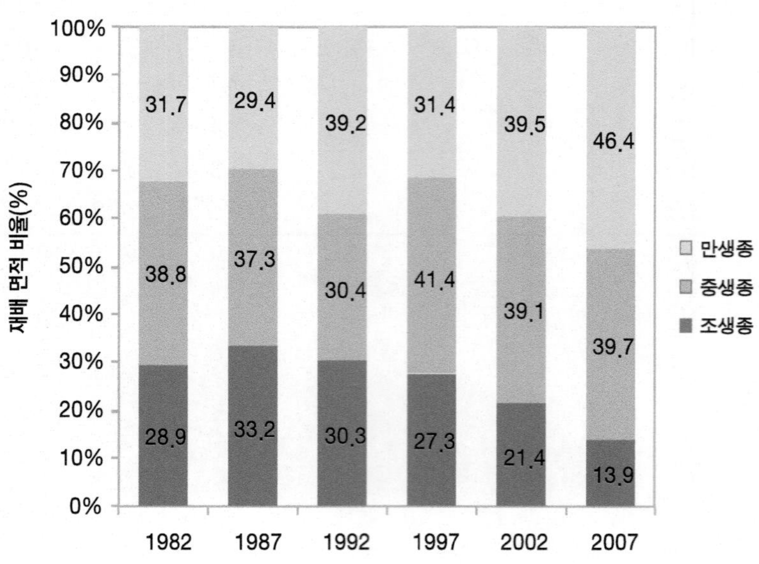

※ 자료: 농림부. 과수실태조사

〈그림 6〉 복숭아 숙기별 재배 면적 변화

중생종 중에는 '대구보'의 재배 면적이 상당히 넓었으나 1987년 이후로 계속 재배 면적이 줄어들고 있으며 1992년 육성된 천도 품종인 '천홍'의 재배 면적은 눈에 띄게 증가하였다. 그러나 재배 면적의 급속한 증가에 따른 생산 과잉 및 미숙과 수확 등으로 인한 소비 감소와 가격 하락으로 다시 감소 추세이다. 또한 '유명'의 조숙변이지로 육성된 '월미'의 재배 면적도 상당히 증가하는 경향을 보였으나 품질이 다소 낮아 다시 하락세이다. '미백도'는 재배가 어려워 급격한 증가세는 보이지 않으나 꾸준히 찾는 소비자들이 많아 증가 추세다.

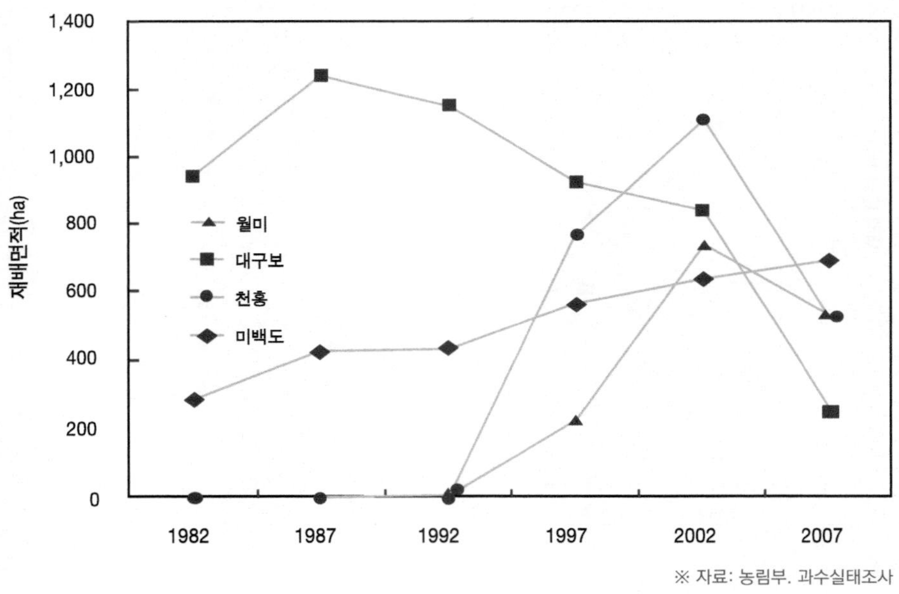

〈그림 7〉 중생종 복숭아 품종별 재배 면적 변화

최근에 황도에 대한 소비자의 인식이 높아짐에 따라 중생종 황도 품종의 재배 면적이 증가하고 있으며, 재배편이 위주의 품종에서 소비자 기호 중심의 품질 위주로 변하면서 품종이 다양화되고 있는 실정이다.

그러나 조·중생종의 경우에는 품질 유지가 어려워 최근 만생종으로 품종 전환이 이루어지고 있는데, 2007년에는 만생종 재배 비율이 46%에 달했다. 특히 품질이 우수한 '장호원황도'와 '천중도백도'의 증가가 눈에 띈다. 만생종 품종의 재배는 이렇듯 품질 위주로 전환되고 있으나 품종 선택에 다소 한계가 있다.

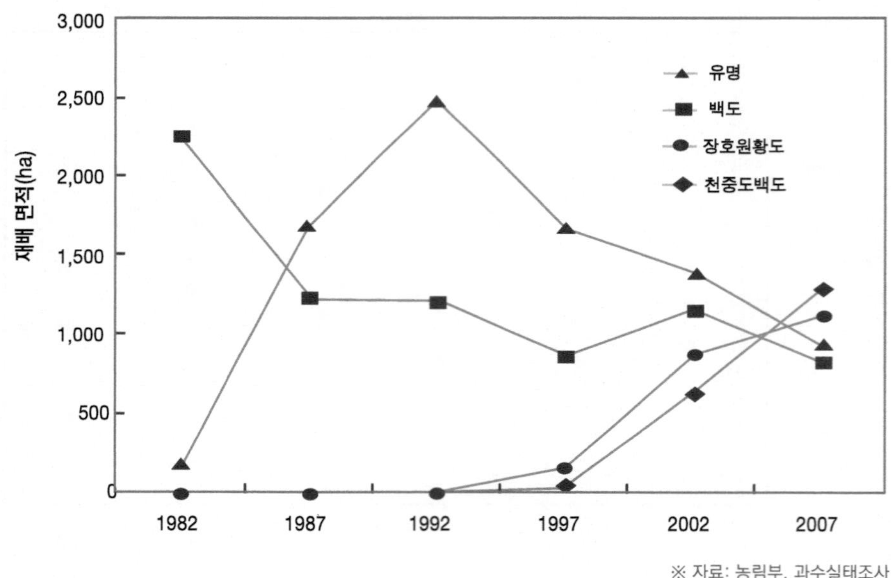

〈그림 8〉 만생종 복숭아 품종별 재배 면적 변화

02 품종 선택 시 고려사항

2004년 한국·칠레 FTA 발효에 따라 생산성이 낮은 복숭아 과원의 폐원 조치로 어느 정도의 구조조정이 이루어졌지만 한미 FTA 체결과 한중 FTA 체결에 따라 복숭아 산업도 상당한 영향을 받고 있다. 이러한 상황에서 수입산 과실과 경쟁하기 위해서는 무엇보다도 소비자가 원하는 맛있는 품종 재배가 우선되어야 하기 때문에 새로 과수원을 조성하거나 품종을 갱신하고자 하는 경우에는 다음과 같은 사항을 충분히 고려하여 품종을 선택하여야 할 것이다.

☑ 기상 환경에 맞는 품종

2009·2010년 겨울철 한파에 의해 중북부 내륙 지방을 중심으로 많은 복숭아 품종이 동해를 입었고 앞으로도 동해가 빈번할 것으로 예상된다. 따라서 선택하려는 품종이 재배할 지역에서 동해를 받지 않고 안전하게 자랄 수 있는지 기상 환경을 먼저 확인하여야 한다.

표20 동해가 발생되는 것으로 보고된 복숭아 품종

구분	품종
최근 도입 품종	나츠코, 스위트광황, 아마즈쿠시, 카네야마(금산), 키라라노키와미, 황금도, 황야, 후쿠에쿠보(왕봉), 후쿠요카비진(아리가토)
기존 품종	가납암백도, 로얄황도, 복조생, 서미골드, 선골드, 창방조생, 오도로키(경봉, 차돌), 일천백봉

소비자의 고품질 요구를 충족시킬 수 있는 품종

공산품과 같이 이제 농산물 판매도 소비자의 요구를 분석하여 충족시키지 못하면 더 이상 시장에서 생존하기 어렵다. 특히 여러 나라와의 FTA 체결로 값싼 복숭아가 수입될 수 있는 무한 경쟁 시대에 일정 수준 이상의 품질 보장은 내수시장에서의 경쟁력 유지에 필수적인 조건이다. 따라서 수확 직전 비가 오는 경우에도 최소 11°Bx 이상의 당도를 유지할 수 있는 품종을 선택하는 것이 좋으며, 그렇지 못한 품종인 경우에는 빗물 차단과 같은 재배적 조치를 통한 과실 당도 유지 대책이 필요하다.

경영 유형에 맞는 품종

택배 위주의 소규모 경영을 할 것인지, 브랜드 관리가 이루어지는 작목반 단위의 생산·출하를 할 것인지 등에 따라 품종을 달리 선택할 필요가 있다. 택배 위주의 직접 판매라면 관리는 까다롭지만 품질이 우수하여 소비자의 고품질 과실에 대한 요구를 만족시킬 수 있는 품종을 선택하는 것이 바람직하다. 반면 작목반 단위의 생산·공동선과·출하의 경영 형태라면 작목반에서 결정한 품종의 선택과 통일된 재배 기술을 적용한 생산·출하로 시장교섭력을 키울 수 있도록 하여야 한다.

시장 출하량이 적은 품종

아무리 품질이 우수한 품종이라 하더라도 수요와 공급의 법칙에 따라 특정 시기에 시장 출하량이 많으면 가격이 떨어질 수밖에 없다. 그렇기 때문에 재배 면적이 많은 품종이거나 다른 지역에서 많이 출하하는 품종인 경우 가능하면 피하는 것이 바람직하다. 우리나라 복숭아 재배 품종의 출하는 8월에 집중되어 있으므로 조생종이나 만생종 재배를 고려해 볼 필요도 있다.

표21 복숭아 주요 품종별 주산지 및 출하 시기

구분	품종명	출하 시기	재배 면적(ha)		금후 예측
			전국	주산지 시·군별 면적	
조생	암킹(천도)	6 하	158.5	경산 115, 청도 13, 대구 4	감소
	월봉조생	7 상	357.1	당진 88, 남원 43, 청도 23, 연기 20	감소
	창방조생	7 중	521.2	당진 92, 청도 66, 연기 48, 음성 3	감소
중생	천홍(천도)	7 중	519.8	경산 269, 영천 127, 청도 51	유지
	월미	7 하	525.3	영천 122, 충주 48, 연기 40, 청도 33	감소
	미백도	8 상	692.3	음성 164, 충주 135, 이천 124, 청도 92	감소
만생	천중도백도	8 중	1,282.7	충주 246, 음성 128, 영동 123, 이천 122	유지
	유명	8 하	928.2	영천 174, 충주 136, 영동 72, 음성 37	감소
	장호원황도	9 중	1,122.0	이천 252, 충주 247, 영동 30, 원주 19	유지

※ 자료: 농림부. 2007년도 과수실태조사.

후보 품종에 대한 직접 확인

후보 품종을 선택한 다음에는 몇 그루를 심거나 고접(高接)하여 시험 재배를 해보는 것이 가장 바람직하다. 그러나 그렇지 못할 경우에는 적어도 해당 품종을 재배하고 있는 연구 기관 또는 농가를 방문하여 나무의 자람새, 과일 특성(품질, 병해충 등)을 직접 확인한 다음 결정하는 것이 좋다. 또한 연구 기관이나 농업기술센터 전문가 또는 그 품종을 직접 재배하고 있는 농업인으로부터 품종에 대한 의견을 들어보는 것이 좋다.

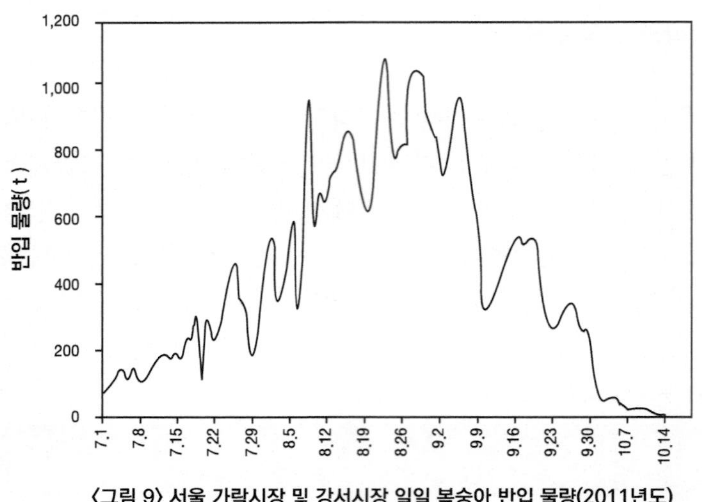

〈그림 9〉 서울 가락시장 및 강서시장 일일 복숭아 반입 물량(2011년도)

신품종에 대한 지나친 집착을 버려야

신품종이 기존의 품종보다 나을 것이라는 막연한 판단으로 국내 적응성 시험을 거치지 않은 국내외 신품종을 심어 동해를 입은 농가가 많다. 국내외 신품종 육성내력을 분석해 보면 계획육종이 아니라 일반 재배농가 등에서 발견된 변이지 또는 우연실생으로부터 선발·육성된 경우가 많다. 품질 좋은 신품종을 남들보다 빨리 심어 많은 소득을 올리는 것은 바람직하지만 너무 잦은 품종 갱신은 결코 바람직하지 않다.

백도계 품종 중 꽃가루가 없는 품종은 반드시 수분수를 심어야

우리나라에서 재배되는 백도계 복숭아 품종은 꽃가루가 없는 경우도 많기 때문에 해당 품종의 꽃가루 유무를 반드시 확인하고 묘목을 구입하여야 한다. 또한 꽃가루가 없는 품종을 선택한 경우에는 재식열 2줄마다 1줄의 수분수 품종(품질이 우수하고 꽃가루를 줄 품종과 개화기, 숙기, 재배 관리가 비슷한 품종)을 섞어 심어야 한다.

☑ 한 품종당 재식주수는 20주(최대 30주) 내외

대부분 복숭아 품종의 성숙 과일은 나무에 매달아 둘 수 있는 기간이 짧고 유통기간 역시 길지 않아 단기간 저장이 어렵다. 그렇기 때문에 수확을 가족 노동력에 의존할 경우 하루에 수확할 수 있는 양에 한계가 있을 수밖에 없다. 따라서 과실이 쉽게 물러지지 않는 품종이라 하더라도 재식주수는 최대 30주를 넘지 않는 것이 바람직하다.

☑ 묘목은 한국과수종묘협회(054-435-5338) 회원사에서 구입

구입한 묘목의 품종이 잘못된 품종일 수도 있기 때문에 가급적이면 종묘협회 회원사에서 구입하는 것이 바람직하며 묘목을 구입할 때는 언제 어떤 품종을 몇 주 구입하였는지 기록된 영수증을 발급받아 보관할 필요가 있다. 또한 업체에 따라서 가식한 묘목의 관리 부실로 뿌리가 말라 죽는 경우도 있으므로 뿌리혹병(근두암종병) 등 뿌리 부분의 병해충 감염 여부와 잔뿌리가 살아 있는지도 함께 확인할 필요가 있다.

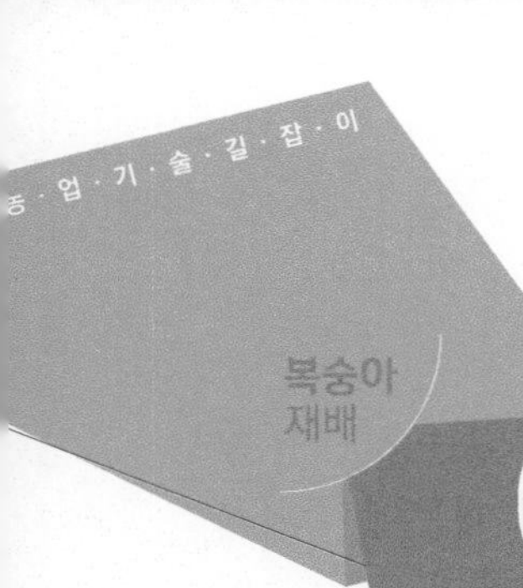

03 품종별 특성

Growing Peaches

가 조생종

(1) 이즈미백도(いずみ白桃, Izumi Hakuto)

일본 나가노(長野)현에서 이케다(池田正元) 씨가 '천중도백도'와 '산근백도'를 교잡·육성하여 1981년에 등록한 품종으로 국립원예특작과학원에는 1985년에 도입되었다. 나무는 크고 세력은 중간 정도이며 자람새는 개장성이다. 꽃은 화려하며 꽃가루는 많다. 숙기는 6월 하순에서 7월 상순으로 매우 빠르며 과형은 편원형이다. 과중은 250g 정도로 조생종으로는 크다. 과피는 녹백색 바탕에 연적색으로 착색되고 착색 정도는 중간이다. 당도는 12°Bx 정도로 높으며 강우 후 당도 떨어짐이 적고 신맛 또한 적어 맛이 좋다. 과육은 유백색이며 핵이나 과육에 착색성은 거의 없고 점핵성이다. 과실을 크게 하기 위해 지나치게 열매솎기를 실시할 경우 핵할이 다소 발생하므로 지나친 열매솎기를 삼가야 한다. 현재 재배 면적은 많지 않으나 앞으로 다소 증가할 것으로 예상된다.

(2) 치요마루(Chiyomaru)

일본 과수시험장에서 '중진백도'와 '포목조생'의 교잡실생에 '포목조생'의 자연교잡실생을 교배하여 육성·선발한 품종으로 1987년에 명명되었다. 국립원예특작과학원에는 1988년 도입되어 1995년에 선발되었다. 나무의 세력은 다소 약한 편이며 자람새는 개장성으로 새가지 발생이 많고 새가지 굵기는 다른 품종에 비하여 가는 편이다. 유목기에는 꽃눈 착생량이 다소 적으나 성목이 되면서 꽃눈 양이 급증한다. 꽃가루 양은 많으며 자가결실성이다. 숙기는 6월 말에서 7월 상순이며 과중은 160~180g으로 다소 작으나 당도가 높은 품종이다. 과피는 선황색 바탕색에 과정부 주위 또는 햇빛을 받는 면이 적색으로 약하게 착색되는 정도로 착색성은 약하다. 과육은 황색이며 핵 주위의 착색은 거의 없고 점핵성이다. 과형은 원형에 가까운 짧은 타원형이며 핵할 발생률이 낮고 과실 균일도가 높다.

새가지 발생량 및 착과 수가 많으면 나무가 쇠약해지기 쉬우므로 전정 시 열매가지 제한 및 철저한 열매솎기로 대과 생산을 꾀하여야 한다. 성숙 전의 과실이 지나친 가뭄 후에 비를 만나게 되면 열과가 발생될 수 있으므로 수확 전까지 주기적인 관수를 실시하는 것이 바람직하다. 과실이 소과이기 때문에 대형 공판장에는 제값을 받기 어려우므로 백화점 납품 또는 직거래 방식으로 판매 전략을 세우는 것이 바람직하다.

(3) 미홍(美紅, Mihong)

국립원예특작과학원에서 1995년에 '유명'과 '치요마루'를 교배하여 2000년에 1차 선발하고, 2001년부터 2005년까지 지역적응시험을 거쳐 2005년에 최종 선발 및 명명하였다. 개화기는 4월 중순으로 일반 재배 품종과 비슷하다. 나무 세력은 중간 정도이고, 자람새는 개장형이며 결과지는 중·단과지이다. 꽃눈 발달이 좋고 꽃의 형태는 화려하며 꽃가루 양이 많다. 숙기가 6월 말에서 7월 상순인 극조생종 백육계로서 과중은 180g, 당도는 11.0°Bx로 신맛이 적고 용질성이면서 맛이 우수하다.

과실이 다소 무른 편이므로 완숙 직전에 수확하여야 하며, 과실 착색을 증진하기 위하여 봉지 씌우기를 한 경우에는 수확 3~4일 전에 봉지를 제거하는 것이 좋다. 꽃눈 발달이 좋고 꽃가루가 많으므로 수분수를 섞어 심지 않아도 된다.

(4) 월봉조생(月峰早生, Wolbongjosaeng)

충남 아산시 음봉면 신휴리의 황웅서 씨 과원에서 발견된 '창방조생'의 조숙성 아조변이지로부터 육성된 것으로 1987년에 '월봉조생'으로 명명되었다. 나무의 특성은 '창방조생'과 거의 비슷하여 나무의 세력이 강하고 자람새는 반직립성이며 꽃눈 착생과 겹눈 형성이 잘된다. 숙기는 '창방조생'보다 7일 정도 빠른 7월 중순이다. 과형은 원형이고 과중은 250g 정도로 조생종으로는 대과성이다. 당도는 그다지 높지 않으며 수확 직전에 비가 많이 오는 경우에는 당도가 크게 떨어진다. 과실의 착색은 좋은 편이며 과피에는 적색의 줄무늬가 형성된다. 과육은 백색으로 치밀하고 연화가 늦어 수송력이 좋은 편이다.

꽃가루가 없기 때문에 꽃가루가 있는 품종을 섞어 심어야 한다. 꽃가루가 없고 꽃이 일찍 피므로 늦서리 피해가 잦은 곳에서는 재배하지 않는 것이 바람직하다. 꽃봉오리 솎기는 실시하지 않지만 1차 열매솎기를 다른 품종보다 많이 한다. 당도가 높지 않고 꽃가루가 없어 인공수분이 필요하므로 시설 재배용으로는 적합하지 않다.

(5) 몽부사(夢富士, Yume Fuji)

일본 후쿠시마(福島)현의 사토(佐藤孝雄) 씨가 '중진백도'의 자연교잡실생에서 육성한 품종으로 1990년에 등록되었고 1994년에 국립원예특작과학원에 도입되었다. 나무 세력은 중간 정도이며 자람새는 개장성이다. 꽃은 화려하며 꽃가루는 많다. 숙기는 7월 중하순으로 '가납암백도'보다는 5일 정도 빠르다. 과실은 크림녹색의 바탕색에 연적색 줄무늬로 착색되며 착색 정도는 중간이다. 과실은 250g 이상으로 조생종으로는 큰 편이다. 당도는 12.5°Bx 정도로 높고 신맛이 적으며 육질이 유연하여 맛이 좋다. 핵할 발생은 적고 점핵성이다.

생육 중 잿빛무늬병이 다소 발생하므로 예방 위주의 약제 방제에 노력을 기울여야 한다. 또한 과실이 무른 편이므로 수확·선과·포장 시 주의가 필요하며 대면적 재배는 피해야 한다. 이와 비슷한 숙기에 있는 '후쿠에쿠보(Fukuekubo)'도 특성이 비슷하여 조생종으로 심어볼 만한 품종이다.

(6) 롱의택골드(瀧の澤ゴールド, Takinosawa Gold)

1992년 일본에서 '황금도'의 아조변이를 발견하여 육성한 품종으로 국립원예특작과학원에는 1995년에 도입되었다. 이 품종은 용택골드로 잘못 불리고 있다.

나무 크기와 세력은 중간이며 생장습성은 반직립성이다. 꽃은 화려하고 꽃가루는 많다. 숙기는 7월 중하순이며 과형은 약간 편원형이다. 과실은 대리석 모양으로 붉게 착색되며 과육은 황색이다. 과중은 250g 정도로 중과성이며 당도는 11.5°Bx 정도이다. 핵은 점핵성이며 유통기간은 중간 정도이다. 맛이 매우 우수한 편은 아니지만 조생종 황육계 품종으로 소비자들에게 인기가 높아지고 있는 품종이다. 그러나 잿빛무늬병에 다소 약한 특성이 있다.

(7) 일천백봉(日川白鳳, Hikawa Hakuho)

일본 야마나시(山梨)현의 타구사(田草川利幸) 씨가 '백봉'의 조숙변이를 발견하여 1981년에 종묘 등록한 품종으로 국립원예특작과학원에는 1992년에 도입되어 1998년에 선발된 품종이다.

나무의 세력은 중간 정도이고 자람새는 개장성이다. 꽃눈 착생과 겹눈 형성이 많은 편이며 꽃가루 양도 많다. 숙기는 7월 중순으로 '월봉조생'과 비슷하거나 늦으며 '창방조생'보다는 빠르다. 과형은 편원형 내지 원형이고 과중은 230g 정도이다. 과실은 연녹색의 바탕색 위에 선홍색으로 착색된다. 용질성인 과육은 유백색이고 핵 주위가 착색되며 점핵성이다. 당도는 11°Bx 이상으로 조생종으로서는 높은 편이며 신맛이 적어 맛이 좋다.

과실이 다소 작은 편이므로 전정 시 불필요한 열매가지를 정리하고 이른 시기에 꽃봉오리 및 열매솎기를 실시하여 대과 생산을 도모하는 것이 바람직하다. 조기 착색성이 강한 편이므로 미성숙과가 수확되지 않도록 하며 과실이 무른 편이므로 수확·선과·포장 시 주의가 필요하다. 동해에 매우 약하므로 동해 발생이 빈번한 지역에서는 재배를 삼간다.

(8) 가납암백도(加納岩白桃, Kanoiwa Hakuto)

일본 야마나시(山梨)현에서 히라쓰까(平塚八郞) 씨가 '천간백도'의 아조변이를 발견하여 1981년에 육성한 품종으로 국립원예특작과학원에는 1999년에 도입되었다. 나무의 세력은 다소 강한 편이고 꽃가루는 많다. 숙기는 7월 하순으로 '창방조생'보다 3일 정도 늦다. 과중은 270g 정도로 큰 편이고 당도는 12°Bx 이상이며 맛이 우수하다. 핵은 점핵성이며 핵 주위 착색이 매우 적다. 동해에 약하므로 동해가 빈번한 지역에서는 재배를 삼간다. 또한 열과 발생이 다소 있으므로 가뭄이 지속될 경우 관수를 해 준다.

나 중생종

(1) 천홍(天紅, Cheonhong)

국립원예특작과학원에서 '가든 스테이트(Garden State)'의 자가수분 교잡실생으로부터 1978년에 선발·육성한 품종으로 1993년에 명명되었다.

나무의 세력은 중간 정도이며 나무 자람새는 다소 개장성이고 꽃가루 양은 많다. 숙기는 7월 하순 내지 8월 상순이다. 과형은 단타원형이며, 과중은 250g 정도로 다른 천도 품종에 비하여 과실이 큰 편이다. 과피색은 진홍색으로 착색성이 좋으며 과육은 황색이다. 핵 주위가 대부분 붉게 착색되고 핵은 반점핵성이다. 당도는 12°Bx 정도로 높은 편이며 향기가 좋고 신맛이 적어 맛이 우수하다.

다른 천도계 품종보다 잿빛무늬병에 강하나 지역 및 해에 따라 발생량이 많으므로 예방차원에서 적용 약제의 주기적 살포가 필요하며, 생육 초기부터 여름전정을 실시하여 수관 통풍성을 좋게 유지한다. 제초제 사용 및 수관이 복잡하여 과원 표면에 잡초가 자라지 못하는 과원에서는 역병 피해가 많다. 그렇기 때문에 적정 초종을 이용한 초생 재배나 짚, 피복제 등을 이용한 멀칭 또는 부초 재배를 실시하고 피해과는 발생 즉시 수거 후 소각한다. 조기 착색성이 강해 적숙기 전부터 수확·판매하는 사례가 많으므로 적정 숙기에 수확 및 판매로 소비자의 욕구를 충족시킬 필요가 있다. 대과 생산을 위해 열매솎기를 지나치게 많이 할 경우 핵할 발생이 많으므로 지나친 열매솎기를 삼가고 질소질 비료 시용량을 줄여 나무 세력을 적정 수준으로 유지 하여야 한다.

(2) 그레이트 점보 아카츠키(Great Jumbo Akatsuki)

일본 후쿠시마현에서 '아카츠키'의 대과계 아조변이를 발견하여 육성한 품종으로 1999년 국립원예특작과학원에 도입되었다. 나무 크기와 세력은 중간이며 생장습성은 약간 직립성이다. 중·단과지의 발생이 많고 꽃눈 맺힘이 좋으며 겹눈(複芽)이 많다. 꽃은 화려하고 꽃가루는 많다. 숙기는 7월 하순에서 8월 상순경이며 과형은 원형에서 약간 편원형이다. 과중은 270g 정도이며 과피는 착색이 좋고 전면 선홍색으로 착색된다. 과육은 백색인데 핵 주위와 햇빛이 비추는 쪽은 붉게 착색된다. 육질은 치밀하고 과즙이 많으며 유통기간이 일반 백도 품종에 비해 긴 편이다. 당도는 11.7°Bx 정도이며 산미가 적당히 있어 식미가 좋다. 열매솎기를 심하게 하여 과실을 키우면 핵할 발생이 많아진다.

(3) 애천중도(愛川中桃, Aikawanakajima)

일본 후쿠시마현의 오카다 아츠시 씨가 1985년 '천중도백도'의 조숙계 아조변이를 발견하여 2004년에 복도천향원에 등록한 품종으로 우리나라에서는 2005년 국립종자원에 품종보호출원하였다. 나무 크기와 세력은 중간이며 생장습성은 반직립성이다. 꽃은 화려하고 '천중도백도'와는 달리 꽃가루가 있으나 풍부하지는 않다. 숙기는 8월 상중순경으로 '아카츠키'보다 5~7일 늦고 '천중도백도'보다 15일 정도 빠르다. 과실은 원형이며 크기는 270g 정도로 과실의 모양은 대칭이다. 과육은 매우 유연하고 유백색이다. 단맛이 높고 신맛은 적어 맛이 좋다. 과피는 전면에 붉게 착색되며 착색성이 좋은 편이나 무봉지 재배 시에는 과피에 미세한 열과가 발생하기 쉽다.

(4) 영봉(嶺鳳, Reihou)

일본의 야마나시현에서 '아카츠키'의 아조변이 선발계로 육성된 품종으로 2002년 국립원예특작과학원에 도입되어 3년간 수체 및 과실 특성이 평가되었다. 숙기는 경기도 수원 기준으로 8월 상순이며 나이가 많아짐에 따라 과실 크기도 커지는 중과종으로 과중은 230g 정도이다. 당도는 12.5°Bx

이며 육질이 반불용질로서 유통기간이 길고 맛이 우수하다. 과형은 원형이고 과육은 녹백색, 과피는 연적색이며 점핵성이다. 착색성이 좋아 과실을 조기 수확할 우려가 있으므로 적기 수확에 유의할 필요가 있다.

(5) 용성황도(容成黃桃, YongSeong Hwangdo)

충청북도 음성군 김용성 씨 과원에서 '장호원황도' 조숙변이지로부터 육성된 품종으로 1999년에 품종 등록되었다. 나무의 세력은 강하고 개장성이다. '장호원황도'와는 달리 꽃가루가 없다. 숙기는 8월 상·중순으로 '장호원황도'보다 30일 이상 빠르며 과형은 원형이나 과정부가 약간 돌출된 모양이다. 과중은 250g 정도이며 당도는 11.5°Bx, 과육은 반불용질성이고 맛이 좋다. 과실은 점핵성이며 유통기간이 긴 편이다.

꽃가루가 없기 때문에 수분수 품종을 섞어 심어야 하며, 나무의 세력이 다소 강하므로 질소질 비료의 과다 시비를 피하고 세력을 안정화시키는 것이 결실에 효과적이다.

(6) 수홍(秀紅, Suhong)

국립원예특작과학원에서 1992년 '선광(鮮光)'에 '천홍'을 교배하여 1999년에 1차 선발하고 2000년부터 지역적응시험을 거쳐 2003년에 최종 선발 및 명명하였다. 개화기는 4월 중순으로 일반 재배 품종과 비슷하다. 나무 세력은 강하고 자람새는 반직립성이며 결과지는 중과지이다. 꽃은 화려하며 꽃가루 양이 많다. 다른 천도와 마찬가지로 수확 전 잿빛무늬병 발생량이 다소 많으나 열과 및 수확 전 낙과 발생량은 적다. 숙기는 8월 상중순으로 천도 단경기에 생산되며 과중은 270g 정도이다. 과형은 난형이고 과피는 적색으로 착색성이 좋으며 과육은 황색이다. 당도는 11°Bx 정도로 산미가 다소 있어 단맛과 신맛이 잘 어우러진 감산조화형 품종이다.

다른 천도 품종과 같이 잿빛무늬병에 다소 약하므로 병든 가지와 과실은 일찍 제거하고 예방차원에서 적용 약제의 주기적 살포가 필요하다. 조기 착색성이 강해 적숙기 이전에 수확·판매될 우려가 있으므로 적기 수확이 될 수 있도록 한다. 또한 나무 세력이 강하므로 질소질 비료의 시용량을 줄여 세력을 안정시켜야 한다.

(7) 스위트광황(スウィート光黃, Sweet Toukoki)

일본의 후쿠시마 천향원에서 '마나미'와 '유우조라'를 교배해서 육성한 품종으로 2002년 국립원예특작과학원에 도입되어 3년간 나무 및 과실 특성이 평가되었다. 숙기는 경기도 수원 기준으로 8월 중순, 과중은 200g, 당도는 12.7°Bx 정도이다. 과형은 원형이고 과육색은 황색이며 점핵성이다. 당도가 높고 산미가 적어 식미가 우수하나 생리적 낙과가 있고 해에 따라 당도 변화가 다소 있는 편이다.

(8) 장택백봉(長澤白鳳, Nagasawa Hakuho)

일본 야마나시현(山梨縣) 나가사와(長澤) 씨가 '백봉'으로부터 만숙 대과성 아조변이지를 발견하여 1985년에 등록한 품종으로 국립원예특작과학원에는 1988년에 도입되어 1996년에 선발되었다. 숙기는

8월 상·중순이고 과실은 원형 내지 편원형이며 과실 크기는 250g 이상으로 백봉계 품종으로서는 큰 편이다. 과피는 적백색으로 착색성이 매우 좋다. 과육은 유백색이며 과육 및 핵 주위의 착색은 적은 편이다. 육질은 치밀하며 용질성이다. 당도는 13°Bx 정도로 신맛이 적어 맛이 매우 좋고 핵할은 적다. 착색성이 빨라 조기 수확될 우려가 있으므로 적숙기에 수확하도록 한다.

(9) 마도카(Madoka)

2006년 일본에서 '대옥아카츠키' 자연교잡실생에서 육성한 품종이다. 숙기는 8월 상중순으로 '장택백봉'과 비슷하다. 당도는 13°Bx 정도로 수확 직전에 비가 와도 당도 떨어짐이 적은 편이다. 또 꽃가루가 많아 결실이 잘 되고 풍산성이다. 과중은 350g 이상으로 대과종이며 육질이 쉽게 무르지 않는 반용질성으로 식미가 우수하다. 내한성은 강한 편이고 상품성이 좋아 최근 복숭아 재배농가에서 선호하고 있는 품종이다. 착색성이 좋아 숙기판단에 유의하여야 하고 나무에서 너무 완숙된 것을 수확하면 스펀지처럼 푸석거리므로 수확 시기가 너무 오래 지나지 않도록 유의하여야 한다.

(10) 미백도(美白桃, Mibaekdo)

1950년대 초 경기도 이천시 장호원읍 이차천 씨가 미국인 선교사 소유의 복숭아 과원에서 가지고 온 품종 불명 복숭아의 접목변이로 발견된 품종으로 1970년대 후반에 급속히 보급되었다. 이 품종은 '청수백도(清水白桃)'와 유사하나 꽃가루가 없고 과실 모양이 보다 편원형이라는 점에서 구분된다. 나무 세력은 초기에는 강하나 성목이 되어감에 따라 약해진다. 나무 자람새는 반개장성이고 꽃눈 맺힘과 겹눈 형성이 좋은 편이며 꽃가루는 없다. 숙기는 8월 중순이고 과형은 편원형이며 과중은 280g 이상이다. 과실의 당도는 11°Bx 정도이고 신맛은 적다. 과피는 유백색의 바탕색 위에 선홍색으로 약하게 착색되며, 착색성은 매우 약하다. 과육은 유백색이고 육질은 치밀하고 매우 유연하며 과즙이 많다.

과실이 매우 무르기 때문에 수확과 선과 및 수송 시에 특히 주의가 필요하며, 꽃가루가 없기 때문에 수분수 품종을 섞어 심어야 한다.

(11) 진미(珍美, Jinmi)

1982년 국립원예특작과학원에서 '백봉'에 '포목조생'을 교배하여 선발·육성한 품종으로 1998년에 명명되었다. 나무의 세력은 중간 정도이고 자람새는 개장성이며 중과지 발생 비율이 높다. 꽃눈 맺힘과 겹눈 형성은 좋다. 숙기는 8월 중하순으로 '미백도'와 '유명' 사이에 출하될 수 있는 중만생종으로 풍산성이다. 과형은 원형이며 과중은 270g 정도로 미백도보다 약간 적은 편이고, 당도는 13°Bx 이상으로 맛이 좋다. 과피는 유백색 바탕 위에 선홍색으로 착색되나 착색성은 다소 낮은 편이다. 과육은 유백색이며 육질은 용질성이지만 '미백도'나 '천중도백도'보다는 단단한 편이다. 핵 주위는 암적색으로 짙게 착색되며 점핵성이다. 중만생종 과실로는 크기가 다소 작은 편이므로 단과지 발생량을 많게 하여 단과지 위주의 결실을 유도하고 열매솎기를 다소 많이 함으로써 대과 생산을 도모해야 한다. 또 착색성이 약한 편이므로 전면 착색을 위해서는 수확 5일 전에 봉지 벗기기를 실시하는 것이 바람직하다. 그러나 무착색과도 외관이 수려해 착색성이 판매가격에 큰 영향을 미치지 않는 경우라면 봉지 벗기기를 생략할 수도 있다.

수확 전 지나친 가뭄에 의해 과정부에 잔금이 발생하는 경우가 있는데 이를 방지하기 위해서는 유기물을 충분히 공급하고 초생 재배, 부초 재배를 실시해야 한다. 수확 전 가뭄이 7일 이상 계속되는 경우 40mm 정도의 관수를 실시하여 토양 수분의 급격한 변화를 방지하도록 한다.

(12) 선골드(Sun Gold)

일본 오카야마(岡山)현에서 발견된 우연실생 품종으로 국립원예특작과학원에는 1988년 도입되어 1999년에 선발되었다. 나무의 세력은 다소 강하고 중과지의 발생이 많은 편이다. 나무 자람새는 반직립성이고 꽃눈 발달이 좋으며 꽃가루는 많다. 숙기는 '장호원황도' 출하 1개월 전인 8월 중하순이며 과중은 320g 정도로 큰 편이다. 과육은 용질성의 황색이며 과육 내 적색소 발생은 매우 적다. 당도 12°Bx 이상이며 향기가 많고 착색성이 좋아 품질이 우수하다. 핵은 이핵성이며 핵 주위 착색은 매우 적다. 무봉지 재배 시 과실 바탕에 녹색이 많이 나타나 빛깔이 나빠질 수 있으므로 봉지재배를 실시하는 것이 바람직하다. 다른 황육계 복숭아와 같이 나무 세력이 다소 강한 편이므로 나무 세력을 빨리 안정시키고 중·단과지 발생을 많게 하여 고품질 대과 생산을 도모하여야 한다.

(13) 오도로키(おどろき, Odoroki)

일본 나가노(長野)현에서 오오이(大井守人) 씨가 '백봉'의 아조변이를 발견하여 1991년에 등록한 품종으로 국립원예특작과학원에는 1995년에 도입되었다. 이 품종의 묘목은 '경봉', '차돌'이라는 이름으로도 판매되고 있다. 나무 세력은 중간 정도이며 자람새는 개장성이고 꽃가루는 없다. 숙기는 8월 중·하순이며 과형은 편원형이고 과실 크기는 300g 정도로 큰 편이다. 육질은 불용질성으로 과실이 단단하다. 당도는 13°Bx 정도로 높으며 신맛이 적어 맛이 좋다. 과피의 착색성이 매우 좋으며 과육은 유백색이고 과육이나 핵 주위에 거의 착색되지 않는다. 또 핵할이나 생리적 낙과 및 열과가 적다.

꽃가루가 없으므로 수분수를 섞어 심어야 하며 착색성이 빨라 조기 수확될 우려가 있으므로 적숙기에 수확하도록 한다. 동해에 약하므로 동해가 빈번한 지역에서는 재배를 삼간다.

다 만생종

(1) 천중도백도(川中桃白桃, Kawanakajima Hakuto)

일본 나가노(長野)현의 이케다(池田) 씨가 '백도'에 '상해수밀'을 교배하여 육성한 것으로 1977년에 명명되었다. 국립원예특작과학원에는 1983년 도입되어 1990년에 선발되었다. 나무의 세력이 강하며 자람새는 반개장성이다. 주된 열매가지는 중과지이며 꽃눈은 홑눈과 겹눈이 함께 발생한다. 꽃가루가 없으므로 수분수를 섞어 심어야 하며 생리적 낙과는 중간 정도이다. 숙기는 8월 하순으로 백도와 동시기인 만생·대과종이다. 과형은 원형이며 과피는 유백색이나 착색성이 다소 낮다. 과중은 300g 정도이며 풍산성이다. 과육은 백색이고 핵 주위는 연한 홍색으로 착색된다. 육질은 다소 치밀한 편이고 과실은 무른 편이다. 당도는 높고 신맛이 적어 맛이 좋다.

과실이 무르므로 수확·선과·포장 시 주의가 필요하다. 착색성이 약하기 때문에 수확 7일 이전에 봉지를 벗겨 전면 착색을 유도하고 수관 내부의 광환경이 좋도록 여름전정을 철저히 실시한다. 이 품종 중 착색성이 좋은 것은 '선발천중도백도', '홍천중도백도', '천중도엑설런트' 등이 있다.

(2) 유명(有明, Yumyeong)

1966년 국립원예특작과학원에서 '대화조생'에 '포목조생'을 교배하여 선발·육성한 품종으로 1977년에 명명되었다.

나무 세력은 중간 정도이고 개장성으로 열매가지는 다소 굵고 길다. 꽃눈 착생과 겹눈 형성이 좋다. 숙기는 8월 하순에서 9월 상순으로 수확기간이 길며 풍산성이다. 과형은 원형이며 과중은 250~300g 정도로 대과에 속한다. 과피는 유백색 바탕 위에 선홍색의 줄무늬가 약하게 형성되지만 봉지 재배 시에는 과피 착색이 전혀 이루어지지 않는다. 과육은 백색이나 적색소가 다소 착색된다. 육질은 딱딱한 용질로서 수송성이 매우 강하다. 핵은 점핵성이고 핵 주위는 다소 착색되며 꽃가루는 많다.

열매자루(果梗, 과경)가 짧고 과경부가 깊어 굵은 가지 또는 열매가지의 기부 쪽에 결실된 과실의 수확 전 낙과가 다소 많이 발생한다. 그러므로 질소질 비료의 시용량을 줄이고 유기물 위주의 재배로 단과지 발생량을 증대토록 하며, 중과지인 경우 열매가지의 중선단부에만 착과되도록 한다. 자갈이 많은 척박지에 재배할 경우 과면이 매끄럽지 못한 현상이 나타나므로 유기물을 충분히 공급하여 토양 수분의 급격한 변화를 해소해 준다. 지나친 과숙 시 바람들이 현상이 발생되므로 적숙기로부터 최대 15일 이내에 수확하도록 한다.

(3) 백천(百千, Baekcheon)

1998년 '장호원황도'에서 조숙계 아조변이를 발견하여 2006년에 품종보호출원을 하고 2008년에 품종 등록하였다. 나무 세력은 강하고 생장습성은 반직립성이다. 꽃은 화려하고 꽃가루는 많다. 숙기는 8월 하순으로 과형은 원형이며 과피색은 등황색이고 과육은 선황색이다. 과피 바로 아래 및 과육의 적색소 발현이 적다. 과중은 350g 정도이며 당도는 13°Bx 정도로 높고 신맛은 중간 정도이다. 유년기 세력이 다소 강해 낙과가 발생할 수 있다.

(4) 수미(秀美, Soomee)

국립원예특작과학원에서 1995년에 '유명'과 '치요마루'를 교배하여 2001년에 1차 선발하고 2002년부터 지역적응시험을 거쳐 최종선발 및 명명하였다. 개화기는 4월 중순으로 일반 재배 품종과 비슷하다. 나무 세력은 강하고 자람새는 반직립성이며 열매가지는 중과지이다. 꽃눈 발달이 좋고 꽃의 형태는 화려하며 꽃가루 양이 많다. 숙기가 8월 말에서 9월 상순인 만생종 백육계로 과중은 306g이며 당도는 12.7°Bx로 단맛이 높고 용질성이다. 유통기간이 긴 편이고 맛이 우수하다. 핵 주위가 붉게 착색되는 특징이 있고 '유명'에 비해 수확 전 낙과가 적다.

과실이 장과지 및 웃자람가지(도장지) 등에 맺히는 경우에는 크기가 작아지므로 중과지 및 단과지에 착과를 유도해야 한다. 착색성이 좋은 편이나 과실 전면 착색을 유도하기 위해서는 수확 3~4일 전에 봉지를 벗겨내야 한다. 질소의 과다 시용을 삼가하고 조기 수세 안정을 유도하여야 한다.

(5) 백향(白香, Baekhyang)

국립원예특작과학원에서 '가든 스테이트(Garden State)'로부터 1978년에 선발·육성한 품종으로 1994년에 명명되었다. 나무의 세력은 다소 강한 편으로 특히 유목기 세력이 강하다. 나무의 자람새는 반직립성으로 새가지 발생이 쉽고 중간 굵기의 장과지 발생이 많다. 꽃눈 맺힘은 우수하여 홑눈과 겹눈이 함께 발생한다. 꽃은 꽃잎이 작고 화려하지 않으며 꽃가루는 매우 많다.

숙기는 9월 상순으로 '유명', '백도' 이후에 출하된다. 과형은 짧은 타원형이고 향기가 많은 이핵성 품종이다. 핵 주위는 붉은색으로 착색되며 과피는 녹적색이고 과중은 300g 정도이다. 당도가 높고 신맛이 다소 있는 감산조화형 품종으로 육질은 유연다즙하다.

나무 세력이 강하여 수확 전 낙과가 발생하기 쉬우므로 재식 초기부터 나무 세력을 안정시킬 필요가 있으며 다른 품종보다 넓게 심어야 한다. 착색성이 낮으므로 웃자람가지 제거 등의 여름전정 실시로 광 환경을 개선해 준다. 수확 7일 이전에 봉지 벗기기를 실시하며 질소질 비료의 과다 시용을 삼간다. 과육과 핵 사이에 공동이 발생하는 경우가 있는데 이는 품종 고유의 특징으로 뚜렷한 대책은 없으나 열매솎기를 지나치게 하지 않으면 어느 정도 줄일 수 있다.

(6) 용황백도(龍皇白桃, Yonghwang Baekdo)

충북 보은군의 임노훈 씨가 '한일백도'의 아조변이를 발견하여 육성한 품종으로 2000년에 품종보호출원을 하고 2003년 등록되었다. 나무의 세력은 유목일 때는 약하고 성목이 되면 강하며 생장습성은 개장성이다. 꽃눈 착생이 잘되고 겹눈이 잘 발생하며 꽃가루는 많다.

숙기는 9월 중순으로 늦으며 과형은 편원형이고 과중은 300g 정도이다. 과피는 유백색 바탕에 햇빛 받는 쪽은 선홍색으로 착색되나 착색성은 약하다. 과육은 용질이고 백색으로 핵 주위는 붉게 착색된다. 과즙이 많고 당도는 12.5°Bx 정도이며 신맛이 적어 식미가 좋다. 점핵성이고 과육은 매우 무르다. 유목기에 수확 전 낙과가 다소 발생한다.

(7) 장호원황도(長湖院黃桃, Changhowon Hwangdo)

경기도 이천군 장호원읍 최상용 씨의 과수원에서 일본으로부터 도입된 황육계 복숭아의 접목변이로 발견된 것이다. '엘버타'[미국 조지아주에서 '차이니즈 클링(Chinese Cling)'의 실생으로부터 1870년에 육성된 '황도'로 잘못 불려져 오던 것을 1993년 국립원예특작과학원에서 '장호원황도'로 명명하였다. 나무의 세력은 유목 시기에는 강하나 성목이 되면 중간 정도이다. 자람새는 유목 시기에는 직립성이나 성목이 되면 약간 개장성이 된다. 겹눈 착생이 많고 꽃가루가 많은 자가결실성 품종으로 풍산성이다. 숙기는 9월 중순부터 10월 상순인 극만생 황육계 품종이다. 과중은 300g 이상으로 대과성이며 과형은 원형이다. 과피는 봉지 재배 시 황색의 바탕색 위에 햇볕을 받는 부위가 적색으로 착색된다. 과육은 황색이며 핵 주위가 다소 붉게 착색되고 핵은 점핵성이다. 용질성인 과육은 향기가 많고 당도가 12.5°Bx로 높으며 신맛이 거의 없어 맛이 매우 우수하고 수송력 및 저장력도 좋은 편이다. '장호원황도'는 꽃이 크고 화려하며 점핵성이고 과실의 신맛이 적은 반면에 '엘버타'는 꽃이 작고 화려하지 않으며 이핵성이고 과실의 신맛이 많다는 점에서 서로 구분될 수 있다.

나무의 생육 초기 세력이 강하므로 질소질 비료의 시용량을 줄여 나무의 세력을 빨리 안정시키는 것이 필요하다. 성목도 세력이 다소 강한 편이어서 소과가 발생하거나 수확 전 낙과 발생이 많으므로 다른 품종보다 재식 거리를 넓게 하고, 나무를 크게 키워 강전정이 되풀이되지 않도록 한다.

(8) 서미골드(西尾 Gold, Nishio Gold)

일본 오카야마(岡山)현 산양농원(山陽農園)의 니시오(西尾) 씨가 '골든피치(Golden Peach)'의 아조변이를 발견하여 육성한 것이다. 국립원예특작과학원에는 1991년 도입되어 1993년에 선발되었다. 나무의 세력은 강하고 자람새는 개장성이며 겹눈의 착생이 좋다. 꽃가루가 없기 때문에 수분수를 섞어 심어야 한다.

숙기는 9월 중하순에서 10월 상순이다. 과중은 300g 이상이며 결실관리를 철저히 하면 대과를 많이 생산할 수 있다. 과형은 편원형이며 과피는 황색의 바탕색에 선홍색으로 착색되나 수확 시까지 봉지를 벗기지 않으면 착색이 거의 이루어지지 않는다. 과육은 황색이고 과육 내 적색소 발현은 없으며 핵 주위는 연하게 착색된다. 육질은 불용질로 치밀하여 섬유소는 다소 적다. 과즙은 적은 편이고 당도는 13°Bx 정도이며 산미가 적고 향기가 많아 품질이 우수하다. 핵은 점핵성이며 생리적 낙과가 다소 있고 핵할은 많이 발생되지 않는다.

육질이 불용질로 수송성이 강하고 과실이 나무에 매달려 있는 기간이 길기 때문에 수확이 지나치게 늦어질 경우 과실 바람들이가 초래될 수 있으므로 적기에 수확하여야 한다. 동해에 매우 약하므로 동해가 빈번한 지역에서는 재배를 삼간다. 육질이 치밀하므로 수확기에 이르러 수분 변화가 심하면 열과를 초래할 수 있어 수분 조절이 필요하다.

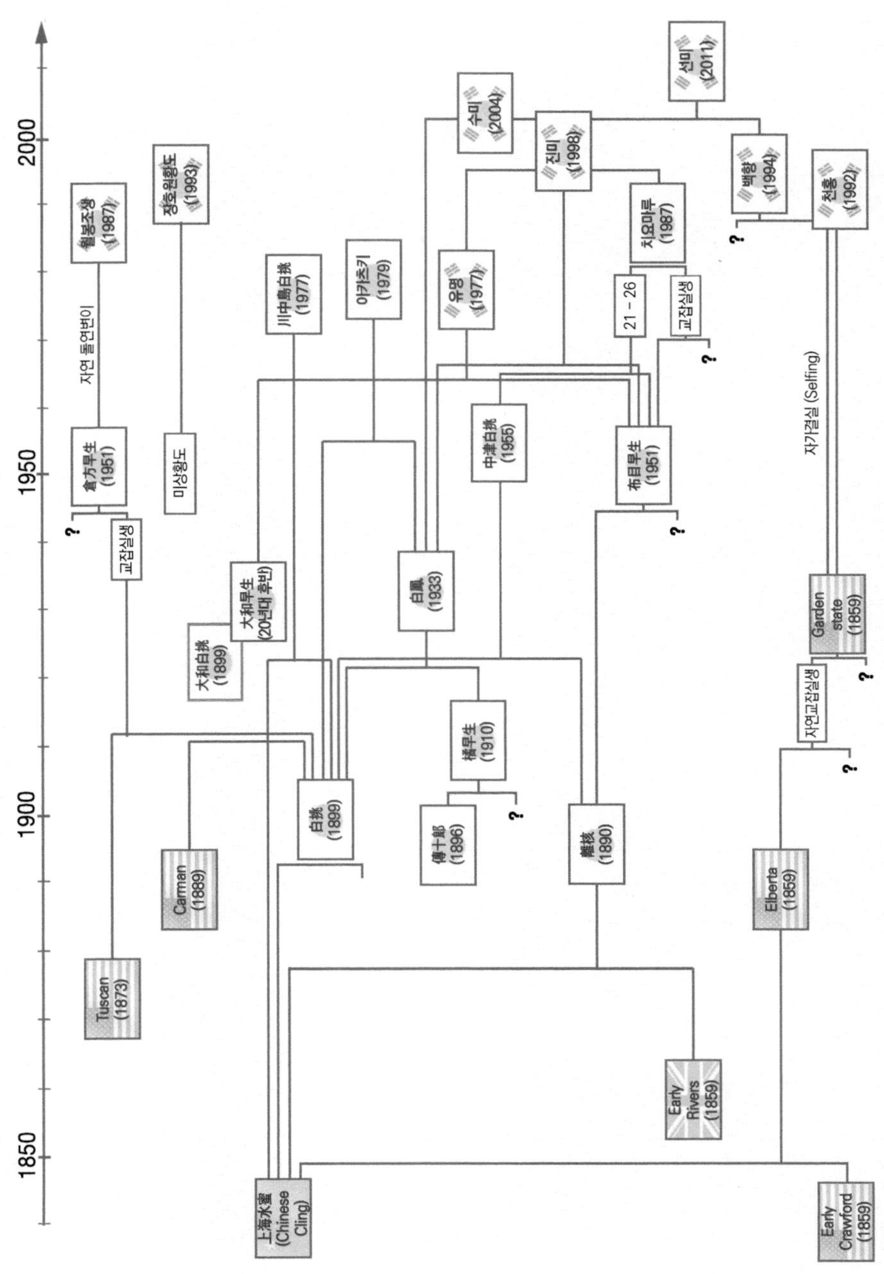

〈그림 10〉 우리나라 육성 품종의 계보도

제Ⅴ장
대목 및 번식

1. 대목
2. 번식

01 대목

가 대목 이용 현황

전 세계적으로 복숭아 번식에 이용되는 대목으로는 복숭아 재배 품종 및 야생 복숭아의 종자로부터 얻어진 실생뿐만 아니라 복숭아의 근연종인 산도(*P. davidiana*), 아몬드(*P. amygdalus*), 앵두(*P. tomentosa*), 자두(*P. cerasifera, P. insititia, P. besseyi*) 및 기타 앵두나무속 내 종간잡종들이 이용되고 있다. 이와 같이 서로 다른 종류의 대목이 사용되고 있는 것은 사질토 및 사양토 지대에서 근계의 내한성 증대, 내습성 증대, 내건성 증대와 강알카리성 토양에서의 적응력 증대, 토양의 기지성 및 선충 저항성 증대, 나무 세력 조절 등과 같이 서로 다른 목적이 있기 때문이다. 우리나라는 중국에서 수입되고 있는 야생 복숭아 종자가 대목용으로 이용되고 있다.

일본의 경우에는 오하츠모모를 비롯한 야생 복숭아 종자가 대목용으로 주로 이용되고 있으나 왜화 재배를 목적으로 정매(*P. japonica*), 앵두(*P. tomentosa*)와 같은 것들도 시험 재배되고 있다. 그러나 앵두는 복숭아와 접목 친화성이 낮을 뿐만 아니라 초기 고사율이 높다. 게다가 수확 시 건조가 계속될 경우에는 과실에 떫은맛이 발생되는 등의 문제점이 있어 크게 활용되지 못하고 있으나 이를 중간대목으로 이용한다면 어느 정도 활용성이 있을 것으로 평가되고 있다.

나 대목용 종자 및 휴면타파

접목을 위해서는 무엇보다도 접목 친화성과 접목 활착률이 높은 대목 종류를 선택해야 한다. 접목 친화성이 낮은 경우에는 접목 활착률이 낮고 말라 죽는 나무가 많으며 성과기 이후 바람에 의해 접목 부위가 부러지는 피해가 발생하기도 한다.

표22 대목 종류에 따른 복숭아 활착률(田中)

대목 종류	접목 수	활착률 (%)	대목 종류	접목 수	활착률 (%)
상해수밀도 실생	261	58.2	Mariana 자두	62	32.3
수성도	30	56.7	St. Julien 자두	21	23.8
아몬드	7	57.1	매실	30	60.0
산도(*P. davidiana*)	5	60.0	살구	50	34.0
Myrobalan 자두	28	55.6	감과 양앵두	24	87.5

대목용 복숭아 종자는 야생의 것을 채종하거나 구입하여 이용한다. 재배종 복숭아의 종자를 대목용으로 이용할 경우, 8월 10일(수원 기준) 이전에 수확되는 품종의 종자는 배 발육이 미숙하여 발아력이 전혀 없거나 매우 나쁘기 때문에 중만생종의 품종으로부터 종자를 채취하여 이용하는 것이 바람직하다. 대목용 종자를 스스로 채취하는 경우에는 완전히 성숙한 과실을 이용하여야 한다. 성숙한 과실로부터 종자(핵)를 채취하기 위해서는 수확한 과실을 바람이 잘 통하고 서늘한 곳에 보관하였다가 상당히 물러진 다음 종자를 채취하고 이를 흐르는 물에서 씻은 다음 휴면타파를 위한 층적 저장을 해야 한다. 층적 저장을 위하여 노천 매장하는 경우에는 종자와 모래를 번갈아, 층을 형성시켜가면서 묻고 저장 중 습해를 받지 않도록 물 빠짐이 좋은 곳에 묻어야 한다.

대목용 종자가 소량일 경우에는 과육을 깨끗이 씻어 낸 종자를 그늘에서 핵 표면을 약간 말린 후 살짝 촉촉한 상태의 상토와 섞는다. 그다음 비닐봉지에 넣어 7℃ 이하로 유지되는 냉장고 내에서 80일 정도 보관함으로써 휴면을 타파할 수 있다.

다 대목 키우기

층적 저장되었던 종자들은 봄철 땅이 완전히 녹기 전에 이미 휴면이 타파된 상태이고 경우에 따라서는 어린 뿌리가 어느 정도 자라난 상태인데 이들을 파종포에 일정한 간격으로 파종하여 대목으로 키운다. 만일 딱딱한 핵이 벌어지지 않은 경우라면 전정가위로 핵을 조심스럽게 깨뜨려 종자를 꺼내 파종한다. 대목용 종자를 묘상(苗床)에 3~6cm 간격으로 파종하였다가 3cm 정도 자랐을 때 미리 준비된 묘포에 날씨가 흐리거나 비오기 직전에 20cm 간격으로 이식할 수도 있다.

파종 후 가뭄이 계속될 경우 종자 발아가 나빠질 수 있으므로 관수를 해주고 발아 이후부터는 잎오갈병, 순나방, 진딧물 등의 피해를 받지 않도록 한다. 또한 경우에 따라서는 들쥐, 두더지 등에 의한 피해가 발생될 수 있으므로 발아 전까지 세심한 관찰이 필요하다. 양성된 대목이 너무 가늘면 접목 후 생장이 약하고, 너무 굵은 경우에는 활착률이 낮고 비닐감기 등에 노력이 많이 들 수 있기 때문에 접목에 이용할 대목은 연필 굵기 정도가 되도록 키우는 것이 바람직하다.

02 번식

복숭아나무의 번식은 한 나무에 결실된 과실로부터 채취된 종자를 이용한 유성번식(종자번식, 실생번식)과 접목, 삽목 등과 같은 무성번식(영양번식)으로 이루어질 수 있다. 그러나 유성번식의 경우에는 한 나무 내에서 채취된 종자라 할지라도 유전적으로 서로 다른 특성을 가지고 있어 일반적으로 품종의 번식을 위해서는 이용될 수 없다. 또한 삽목이나 조직배양과 같은 무성번식에 의해 원래 품종과 똑같은 나무를 번식할 수는 있지만 밭에 옮겨 심은 다음의 활착률이 낮아서 아직까지는 실용성에 문제가 있다. 따라서 복숭아 품종의 번식은 주로 야생 복숭아나 재배 품종의 종자를 이용한 접목번식에 의존하고 있다.

가 접목의 종류

(1) 깎기접(切接, 절접)

가. 접수 준비

깎기접에 사용할 접수는 겨울전정을 할 때 충실한 1년생 가지를 골라 물이 잘 빠지고 그늘진 땅속에 묻어두거나 비닐로 밀봉하여 냉장고 내에서 보관하였다가 사용한다. 접수가 건조되거나 온도가 적당하여 발아가 진행된 경우에는 접목 활착률이 크게 떨어지므로 접수 보관에 주의하여야 한다. 또한 접수를 너무 일찍 채취하는 경우 보관하는 동안 눈 주위에 곰팡이가 발생하여 충실도가 떨어질 수 있으므로 2월 초에 채취하는 것이 바람직하다.

나. 접목 시기

접목에 적당한 시기는 수액의 유동이 시작되어 지표면에 가까운 곳에 있는 대목의 눈이 발아를 시작하려고 하는 3월 중하순이 보통이지만 이보다 더 늦은 4월 중순까지도 접목이 가능하다.

다. 접목 방법

대목을 지표면으로부터 5~6cm 되는 곳에서 자른 다음, 접을 붙이고자 하는 쪽의 끝을 45° 방향으로 약간 깎는다. 그런 다음 접붙일 면을 다시 2.5cm 정도 목질부가 얇게 깎일 만큼 수직으로 깎아 내린다. 이때 왼손 검지를 대목의 뒷면에 댄 다음 오른손 엄지는 접목용 칼과 나란한 방향으로, 왼쪽 엄지는 칼과 수직 방향으로 올린 다음 두 엄지에 힘을 주어 서서히 깎아내리도록 한다. 초보자의 경우 칼에 손가락이 베이는 경우가 많으므로 칼날의 앞에 어느 손가락도 위치해 있어서는 안 된다.

대목의 깎은 자리에 접수를 끼워 넣되 대목과 접수의 좌우 부름켜 중 최소한 한쪽이 서로 맞닿도록 하여야 하며, 접수의 수분 증발과 외부로부터 물이 들어가는 것을 방지하기 위하여 비닐로 묶어 주고 접수의 잘려진 면에는 톱신 페스트와 같은 보호제 등을 발라준다.

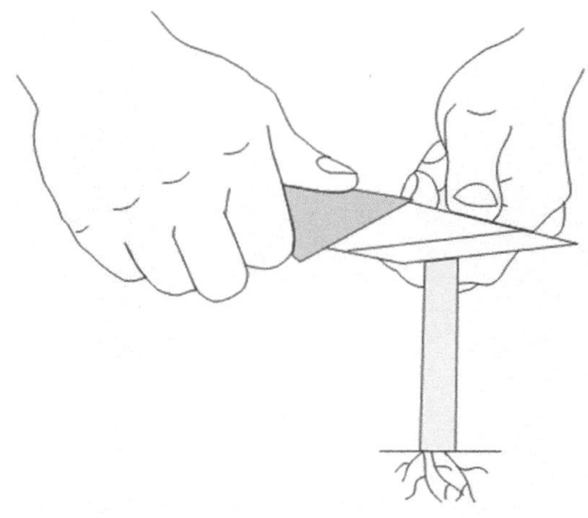

〈그림 11〉 대목을 깎아내릴 때의 접목용 칼 잡는 요령

접목 후 대목 부위에서 새순이 계속 발생하므로 몇 차례에 걸쳐 제거해 주어야 하며 6월 중하순에는 비닐을 감은 자리가 잘록해지지 않도록 비닐을 풀어 준다(상당히 얇은 접목용 비닐을 사용한 경우라면 생략하여도 무방하다). 이때 연약한 접목 부위가 바람 등에 의해 부러지지 않도록 지주를 세워 보호해 주는 것이 바람직하다.

이 접목법은 품종 갱신을 위한 고접(高椄, 높이접)에 가장 많이 사용하는 방법이다.

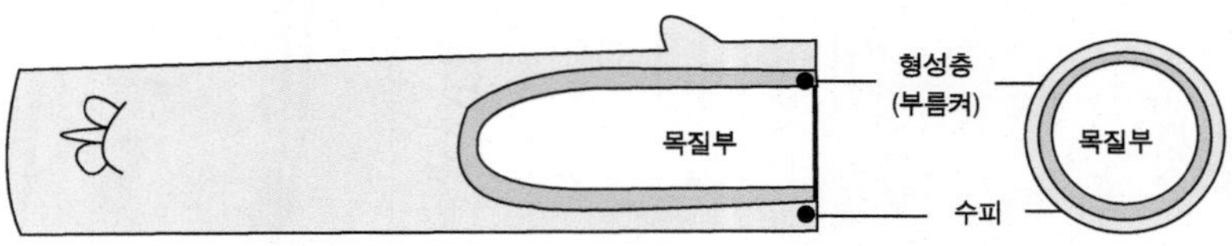

〈그림 12〉 가지의 조직학적 구조

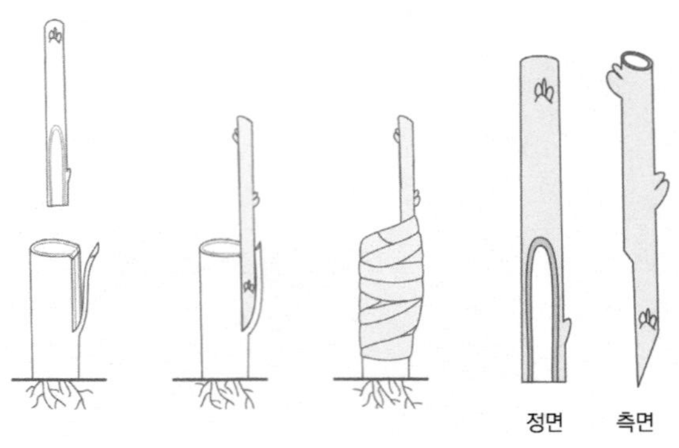

〈그림 13〉 깎기접 요령

(2) T자형 눈접(芽接, 아접)

가. 접눈의 준비

T자형 눈접을 위한 접수용 가지는 접눈(접목에 사용되는 눈)의 잎자루만 남기고 자른다. 이것을 물통에 담가 들고 다니면서 접눈을 채취하여야만 접수가 건조해져 활착률이 떨어지는 것을 방지할 수 있다. 접눈은 눈의 위쪽 1cm 되는 곳의 껍질만 칼금을 긋고 눈의 아래쪽 1.5cm 정도 되는 곳에서 목질부가 약간 붙을 정도로 칼을 넣어 떼어낸다.

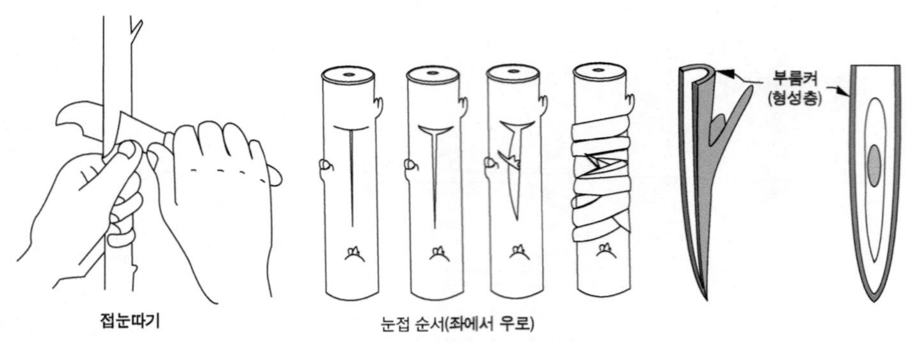

〈그림 14〉 T자형 눈접 요령

나. 접목 시기

T자형 눈접은 잎눈이 형성된 7월 중하순부터 실시할 수 있지만 이 시기에는 수액 유동이 너무 많아 나무의 진이 발생되기 때문에 접목 활착에 방해된다. 접목 활착이 되었다고 하여도 접목된 잎눈으로부터 새순이 자라게 되면 겨울 동안 동해를 받을 위험이 있고 이듬해 생장도 약하다. 따라서 수액 유동이 줄어들고 활착된 눈이 발아되지 않으면서 바로 휴면에 들어갈 수 있는 8월 중하순이 적당하다.

가물거나 접목 시기가 다소 늦어져 대목의 껍질이 잘 벗겨지지 않을 때에는 접목 4~5일 전에 관수를 하여 작업 능률과 활착률이 높아지도록 한다.

다. 접목 방법

대목의 경우에는 지면으로부터 5~6cm 되는 곳에 T자형으로 칼금을 2.5cm 정도로 긋고, 대목 껍질을 벌려 접눈을 끼워 넣은 다음 비닐테이프로 묶어준다.

접눈이 완전히 활착되기까지는 1개월 정도가 걸리지만 접목 7~10일 후 접눈에 붙여둔 잎자루를 손으로 만졌을 때 쉽게 떨어져 나가면 접목 활착이 된 것으로 판정할 수 있다. 접목한 대목은 이듬해 봄 새가지 생장이 어느 정도 이루어진 후 접눈 위 1.0~1.5cm 부위에서 자르고 비닐 테이프를 풀어준 다음 지주 등을 세워 접목 부위가 부러지는 것을 방지해 주어야 한다.

(3) 깎기눈접(削芽接, 삭아접)

접목 시기에 건조가 심하거나 접목 시기가 늦어 수액의 이동이 좋지 않아 대목과 접수의 수피가 목질부로부터 잘 벗겨지지 않는 때에는 깎기눈접을 한다. 시기적으로는 처서 이후부터 9월 중순경까지가 적당하다.

가. 접눈의 준비

접눈은 눈의 위쪽 1.5cm 정도에서 아래쪽 1.5cm 정도까지 목질부가 약간 붙을 정도로 깎는다. 그다음 접눈 아래쪽 1cm 정도 되는 곳에서 눈의 기부를 향하여 비스듬히 칼을 넣어 접눈을 떼어낸다.

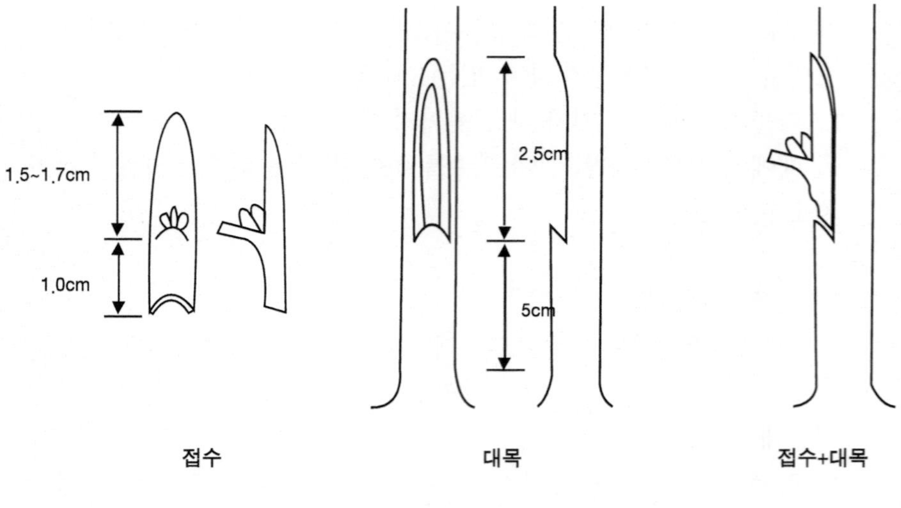

〈그림 15〉 깎기눈접 요령

대목은 목질부가 약간 붙을 정도로 깎아 내리고 다시 아래쪽으로 비스듬히 칼을 넣어 접눈의 길이보다 약간 짧은 2.2cm 정도로 잘라낸다. 여기에 접눈과 대목의 한쪽 부름켜가 맞도록 접눈을 끼우고 눈이 나오도록 묶어준다. 활착된 묘목의 이듬해 관리는 T자형에 준하여 실시한다.

제Ⅵ장 개원 및 재식

1. 평지
2. 경사지
3. 재식

01 평지

평지는 일반적으로 토양이 비옥하고 작업하기가 편리한 장점이 있지만 땅값이 비싸고 물 빠짐이 나쁘며 지역에 따라서는 서리 피해를 받을 염려가 있다. 평지에서 개원할 때 가장 유의해야 할 점은 물 빠짐 상태이다. 물 빠짐이 잘되는 곳이면 경사지보다 재배가 손쉽다. 물 빠짐이 나쁜 중점토양에서는 여러 형태의 물 빠짐 시설을 할 수 있는데(그림 16) 아무런 물 빠짐 처리를 하지 않은 곳에서 지하수위가 가장 높았고, 속도랑(암거)을 판 곳은 지하수위가 낮았다. 나무 생장량과 수량은 물 빠짐 처리를 한 곳이 하지 않은 곳보다 훨씬 높았다(그림 17).

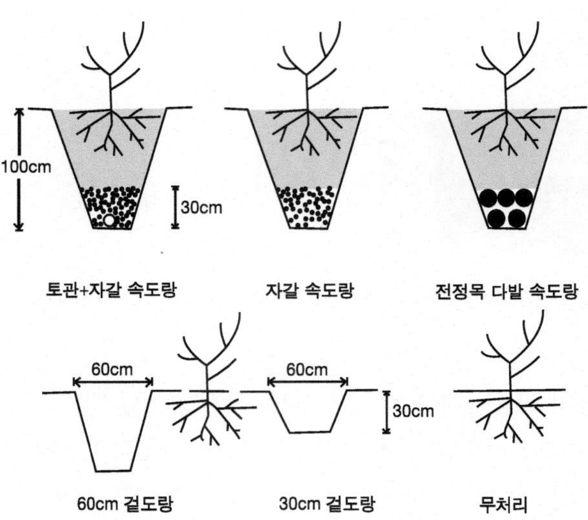

〈그림 16〉 중점토 살구원의 배수 시설

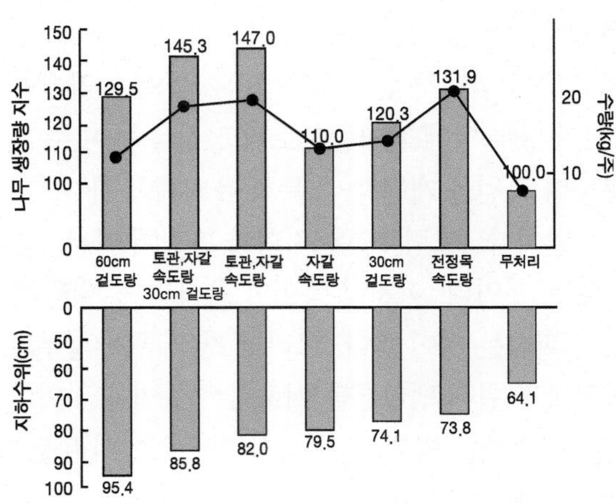

〈그림 17〉 중점토 살구원의 배수 방법별 지하수위와 수량 및 나무 생장량

02 경사지

경사지는 땅이 비옥하지는 않지만 대개 물 빠짐이 잘 되고 서리 피해를 받을 염려가 적으며 땅값이 싼 편이다. 그러나 작업이 불편하여 노력이 많이 들고 토양 침식이 심하여 갈이흙과 땅심이 얕으므로 영양 부족, 건조 피해, 일소 등을 받기 쉽다. 특히 경사면의 방향이 서향 또는 남서향일 때는 나무의 줄기 쪽이 일소를 받아 줄기마름병에 걸리는 경우가 많다. 여름철 오후 나무의 수분 소모가 많아질 때 직사광선을 받게 되면 가지의 온도는 25℃까지 올라가며 증산 활동이 충분히 이루어지지 못한 상태에서 국부적으로 나무 온도가 40℃ 이상 되는 경우도 발생하기 때문이다. 따라서 경사지에 개원할 때는 표토의 유실과 수분 부족 등을 방지하기 위해서 깊이갈이와 유기물의 투입에 힘써야 한다. 또 피복작물을 재배하여 나무 밑에 깔아줌으로써 땅심을 높여 주어야 한다.

경사지에 복숭아 과원을 개원할 때 특히 유의해야 할 사항은 지형을 잘 고르고 평탄화시키는 일이다. (그림 18)은 지형과 환경에 따른 겨울철 찬 기류의 정체 상황을 보여주는 것인데, 이처럼 둑이나 울타리가 쳐진 곳 또는 움푹 팬 저지대에 심는 것은 피하는 것이 좋다. 그리고 찬 기류가 상부로부터 유입되거나 머무는 것을 방지하기 위해 냉기류를 배출하는 방법을 찾아야 한다. 이러한 작업은 국지기후를 개량하는 방법이다. 경사지에서는 서리를 막기 위한 방상림을 조성하고 냉기가 빠져나가는 길을 만들어 줌으로써 동상해를 막을 수 있다(그림 19).

산지를 개간하여 기계화 작업이 쉽도록 하기 위해서는 경사도를 가능하면 줄여주는 평탄 작업(그림 20, 21, 22)을 해서 작업기계의 상하운행이 쉽도록 해주는 것이 좋다.

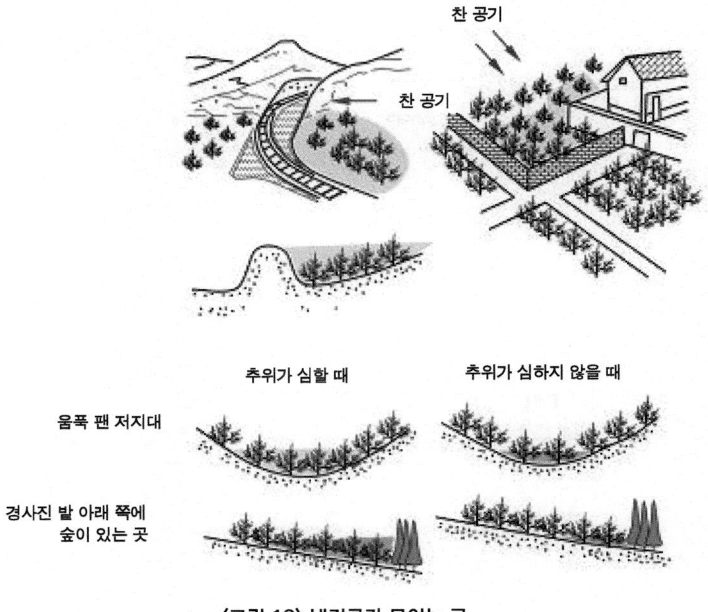

〈그림 18〉 냉기류가 모이는 곳

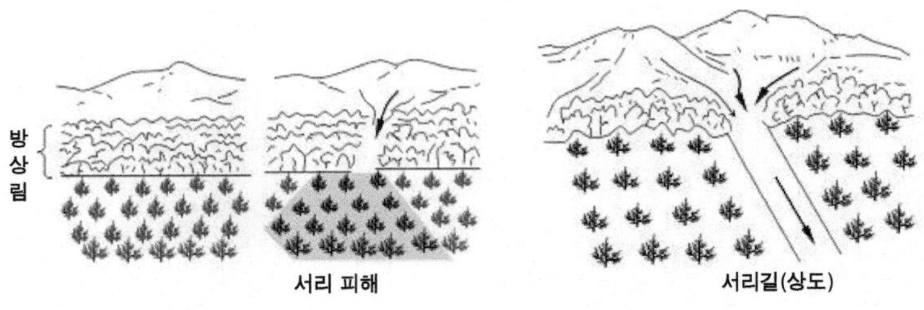

〈그림 19〉 방상림과 서리길

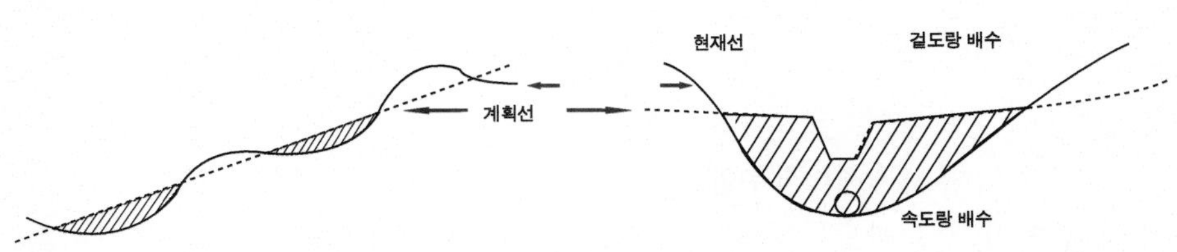

〈그림 20〉 습곡과 계곡의 평탄 작업(경사 완화형)

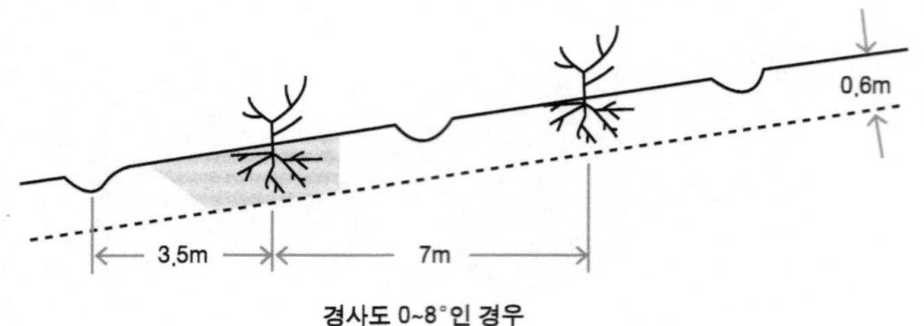

경사도 0~8°인 경우

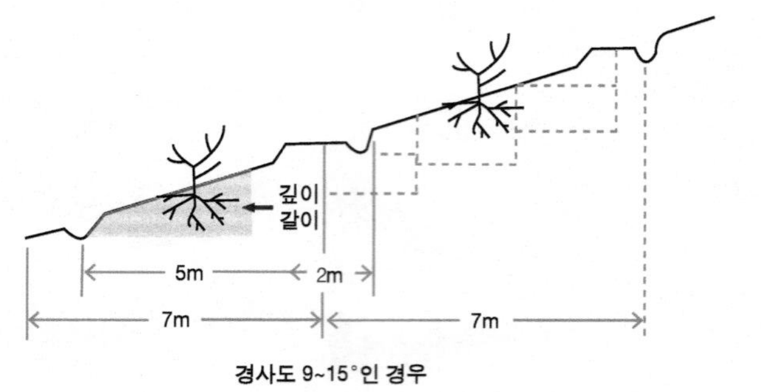

경사도 9~15°인 경우

〈그림 21〉 경사도별 개간 방법

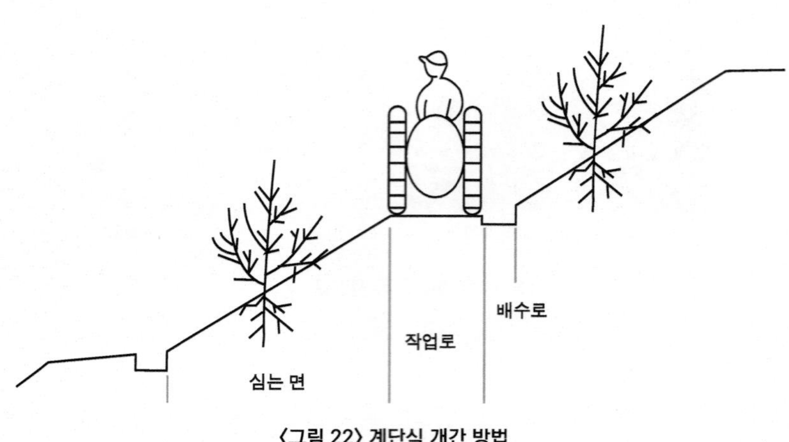

〈그림 22〉 계단식 개간 방법

그러나 그렇지 못할 경우에는 계단식으로 만들어 등고선에 따른 작업기계의 주행이 가능하도록 농로를 만들어야 하며 지표면을 흐르는 유거수를 집수고로 모으는 연결고랑을 만들어야 한다.

03 재식

가 심는 시기

가을심기와 봄심기 중 어느 것을 택해도 좋지만 가을심기 시기는 낙엽 후부터 땅이 얼기 전까지 대략 11월 중순에서 12월 상순까지이다. 봄심기는 땅의 해빙과 함께 시작하여 늦어도 3월 중순까지는 심어야 한다. 가을심기는 봄심기보다 활착이 빠르고 심은 후 생육이 좋으므로 겨울철 동해나 건조 피해를 받지 않도록 주의해야 한다. 만약 봄에 묘목을 구입하여 심고자 할 때에는 너무 늦지 않도록 해야 하며 봄철 건조에 각별한 주의를 요한다.

나 구덩이 파기

나무를 심을 구덩이는 미리 심을 거리에 맞추어 파놓아 토양을 풍화시켜 주는 것이 좋으며, 경사지가 생땅인 경우에는 구덩이에 물이 괴지 않고 경사 아래쪽으로 빠져나갈 수 있도록 조치를 해 두어야 한다.

물 빠짐이 나쁜 중점토양이나 지하수위가 높은 곳에서는 속도랑 물 빼기 시설을 설치하는 것이 좋으며, 겉도랑 물 빼기 시설을 설치하기 위해서는 흙을 긁어모아 심는 것이 좋다.

복숭아는 살구, 자두, 매실 등의 핵과류와 마찬가지로 뿌리를 얕게 뻗는 천근성 과수로서 뿌리의 산소 요구량이 많기 때문에 구덩이에 물이 차지 않도록 얕게 파는 것이 중요하다. 나무를 심을 때는 구덩이를 팠던 곳이 쉽게 내려앉을 수 있으므로 밟아 다진 후 접목 부위가 지면보다 5~6cm 높게 올라오도록 높이 심는다. 나무를 심기 전 토양 산도를 교정하기 위해 생석회를 적당량 살포하고 용성인비는 구덩이당 2~4kg을 흙과 섞어 넣어주면 좋다.

다 심는 거리(재식 거리)

심는 거리는 품종의 특성, 토양의 비옥도 및 대목의 종류에 따라 알맞게 해주어야 단위 면적당 수량을 최대로 올릴 수 있는 기본적인 기틀이 된다. 그러므로 공간을 적절히 이용하여 조기 수량을 올릴 수 있도록 당초부터 계획적인 밀식(5점식) 재배를 하고 나무가 커감에 따라 점차 사이 베기(간벌)를 해나가는 방법도 좋다. Y자 수형의 밀식 재배인 경우에는 열간 6~7m에 주간 거리를 3~4m로 심는다.

표23 복숭아 심는 거리별 나무 주수

구분	심는 거리(m)	10a당 나무 주수(사이 벤 후 주수)(주)
정방형 심기	6.5 × 6.5	24
	6.0 × 6.0	28
장방형 심기	7.0 × 3.5	41(계단식)
	6.0 × 3.5	33
	6.0 × 4.5	37
5점 심기	6.5 × 6.5	42(24)
	6.0 × 6.0	48(28)
Y자 심기	6.0 × 3.0	56
	6.0 × 4.0	42

제 Ⅶ 장
정지·전정

1. 정의 및 목적
2. 복숭아나무 전정의 기초
3. 복숭아나무 전정 요령
4. 복숭아나무 전정의 주의점
5. 열매 맺는 습성과 열매가지의 종류
6. 복숭아나무의 여러 가지 수형(樹形)
7. 열매가지 전정
8. 여름전정과 웃자람가지 활용
9. 개심자연형 전정
10. Y자 수형 전정

01 정의 및 목적

Growing Peaches

정지란 가지를 자르는 일이나 유인 등의 작업을 통하여 나무의 골격이 될 큰 가지들을 바로 잡아 원하는 수형을 만들어 가는 것을 뜻한다. 전정은 주로 나무의 잔가지를 자르거나 솎아줌으로써 나무의 생육과 결실을 조절해 주는 작업을 말한다. 그러나 실제 작업에 있어서는 두 작업이 함께 이루어지기 때문에 엄밀하게 구별하는 일이 어렵고 넓은 의미로 이를 통틀어 전정이라 부른다.

정지·전정의 목적은 첫째, 생장 조절로 강전정과 약전정 그리고 솎음전정과 자름전정을 알맞게 적용시킴으로써 나무의 세력이나 가지의 자람새를 조절해 주고 수관 전체에 늘 새로운 가지들이 발생하도록 해주는 것이다. 둘째, 복숭아나무는 지난해 자란 새가지에 꽃눈이 맺혀 열매가 달리므로 매년 적당량의 충실한 열매가지가 발생하고 과다 착과되지 않도록 열매가지를 충분히 정리하여 착과량을 조절해주는 것이다. 셋째, 나무에 알맞도록 전정하여 일조와 통풍을 좋게 하고, 과실 품질이 향상되도록 하는 것이다. 넷째, 죽은 조직을 제거하거나 불필요한 가지를 없애서 병해충의 잠복처를 줄이고 통풍을 좋게 하여 병해충 발생을 감소시키는 것이다. 다섯째, 나무 크기나 가지 배치를 조절해서 열매솎기, 봉지 씌우기, 약제 살포, 수확 등의 작업시간을 줄이기 위함이다.

02 복숭아나무 전정의 기초

전정은 건전하고 생산량이 많으며, 고품질의 과실이 달릴 수 있는 나무를 만들기 위한 필수 조건이다. 그러나 복숭아나무의 성질을 잘 알지 못한 채 전정을 하면 목표하는 수형을 제대로 만들 수 없다. 특히 복숭아나무는 다른 과수와는 다른 생장 특성을 갖고 있다.

가 복숭아나무의 생장 특성

(1) 생장이 왕성하고 수관 확대가 빠르다.

유목의 새가지는 발아 후 왕성하게 생장하여 2m 이상 자라는 경우도 많고 곁눈에서는 다시 싹이 터서 부초가 붙는다. 이것을 2번지라고 부르며 경우에 따라서는 3번지를 형성하기도 하여 수관이 크게 확대된다. 부초는 성목에서도 가지 세력이 왕성해지면 쉽게 발생하는데, 8월 이전에 나온 부초에도 꽃눈이 분화되어 다음해 결실된다.

(2) 웃자람가지(도장지, 徒長枝)의 발생이 많다.

복숭아는 건조에 견디는 성질이 강한 편이나 내습성은 약해서 토양의 양분과 수분이 많게 되면 웃자람가지의 발생이 많아진다. 특히 질소질 비료에 민감하고 강전정을 하게 되면 비료를 많이 준 것과 같은 효과를 나타내어 웃자람가지 발생을 많게 하고 쉽게 수지병, 줄기마름병이 발생하여 수명을 단축시킨다.

(3) 나무자세는 개장성(開張性)이다.

유목의 생장은 매우 왕성하여 직립하기 쉬우나 열매가 맺히는 결과기에 들어서면 밑으로 처져 점차 개장된다. 또한 뿌리가 얕게 뻗는 성질 때문에 태풍에 약하고 원가지도 개장되므로 찢어지기 쉽다.

(4) 정부우세 현상이 변하기 쉽다.

복숭아나무의 끝눈에서 자란 가지는 아래쪽에 있는 눈에서 자란 가지보다 세력이 강한 것이 보통이다. 이는 부분적으로 정부우세성이 작용하기 때문이나 때로는 아래쪽 눈이 강하게 되는 성질이 있어 아래쪽 원가지가 상부의 원가지보다 강해지고 굵어지는 경우도 있다.

표24 복숭아 품종별 자람새

자람새	품종
반직립성	월봉조생, 창방조생, 선골드, 백향, 장호원황도, 암킹, 선광, 수봉
반개장성	백미, 미백도, 천중도백도
개장성	치요마루, 대구보, 진미, 백도, 유명, 서미골드, 천홍

(5) 노쇠(老衰)가 빠르다.

복숭아나무는 2~3년생만 되어도 꽃눈이 쉽게 맺히므로 과다 착과 상태가 되기 쉽고 이에 따른 나무의 쇠약은 노쇠를 부추긴다. 또 유리나방, 깍지벌레 등에 의해 원가지나 큰 가지가 피해를 받기 쉽다.

(6) 내음성(耐陰性)이 약하다.

복숭아는 햇빛을 좋아하는 양성 과수로 햇빛 부족에 민감하다. 때문에 그늘 속에 있는 잎눈은 쉽게 약해져서 수관 내부의 잔가지가 말라 죽기 쉽고 숨은 눈도 적다. 따라서 결과 부위가 상승하기 쉽고 원가지나 덧원가지 등 굵은 가지의 표피가 일소를 받는 경우가 많다.

(7) 전정 부위의 상처 아묾(癒合, 유합)이 잘 안 된다.

전정한 곳은 잘 아물지 않아 마르기 쉽고 줄기마름병균의 침입과 동해에도 약하다.

(8) 조기 결실 관리 작업의 효과가 크다.

꽃봉우리 솎기(적뢰), 꽃 솎기(적화) 작업으로 과실 크기가 커지고 새가지 신장이 촉진되는 효과가 매우 크다.

나 나무 세력과 전정의 강약

(1) 강전정과 약전정

잘라 내는 양이 많은 것을 강전정이라 하고 적은 것을 약전정이라 한다. 전정을 강하게 하면 인접한 곳의 눈에서 나온 가지의 세력은 왕성하게 되지만 나무 전체를 생각할 때에는 점점 잎 면적이 작아지기 때문에 총 생장량이 떨어지게 되고 수명도 단축된다.

나무가 나이를 먹어감에 따라 점차 생장에 대한 전정의 영향은 적게 나타나지만 늙은 나무나 세력이 약해진 나무도 적당히 전정을 해주면 나무의 생장이 촉진된다. 이는 늙은 나무일수록 광합성을 할 수 있는 잎의 비율이 적어지므로 전정에 의해서 광합성을 하지 못하는 부분이 제거되면 호흡에 의한 양분 소모량이 상대적으로 줄어들기 때문이다. 또 겹쳐진 가지가 사라져 나머지 잎과 새로 자란 가지의 잎은 충분한 광합성을 할 수 있게 된다. 일반적으로 세력이 강한 가지는 약하게 전정하고 쇠약한 가지는 강하게 전정한다. 지나친 강전정은 꽃눈 형성을 방해하고 웃자람가지의 발생도 많아지게 된다. 그러나 너무 약한 전정은 과다한 착과에 의해 소과 생산율을 높아지게 하고 과실 품질을 떨어뜨릴 뿐만 아니라 결과 부위도 위로 올라가게 한다. 유목기에 나무 세력이 쇠약하게 되는 원인은 보통 뿌리가 장해를 받은 경우가 많고 성목기의 나무 세력 쇠약은 강전정, 병해충 또는 뿌리의 장해에 의한 경우가 많으므로 전정의 강약은 나무의 세력 조절에 매우 중요하다.

(2) 전정량의 조절

복숭아나무의 전정은 대개 전체 눈 수의 60~90%의 범위에서 실시한다. 특히 토심(土深)이 깊고 비옥한 땅에서는 80% 이상 전정해 내는 강전정이 되풀이되기 쉽다.

표25 전정의 정도가 원줄기 둘레 비대에 미치는 영향

(단위 : cm)

자람새	강전정	중	약전정
복숭아	12.0	16.9	19.4
살구	11.7	12.6	15.3
양앵두	10.0	11.2	12.3
자두	6.3	10.4	11.3
배	8.7	9.1	9.7
평균	9.7	12.1	13.6

일반적으로 전정량을 50%로 하면 남아 있는 눈에 집중되는 양분이 전정하지 않은 나무에 비해 2배가 되고 75%로 하면 4배, 90%에서는 10배에 달한다. 복숭아나무의 적당한 전정량은 전체 꽃눈 수의 60~70%이다. 남아 있는 각 눈에 수체 내의 양분이 알맞은 양으로 분배되어 새가지 자람이 원만하고 열매솎기 등의 작업이 적당하게 되면 세포분열과 과실 비대에도 도움이 된다. 또한 웃자람가지의 발생도 적고 햇빛을 받는 양도 충분하여 착색이 좋은 고품질 과실을 생산할 수 있다. 그러나 80% 이상을 전정한 강전정의 경우는 1눈당 분배되는 양수분이 과잉되어 웃자람가

지의 발생을 부추긴다. 따라서 꽃눈 형성이 나빠지고 생리적 낙과와 과실 품질이 떨어지는 원인이 된다. (표 26)은 전정 정도가 생리적 낙과 및 과실 품질에 미치는 영향을 조사한 것으로 전정량의 조절에 의해 낙과는 물론 수량, 과실 무게 등을 조절할 수 있다는 것을 보여준다.

표26 전정 정도가 생리적 낙과 및 과실 품질에 미치는 영향(1980)

전정 강도 (전정량)	봉지 씌운 수	$1m^2$당 봉지 수	낙과율 (%)	수량 (kg/m^2)	과실 무게 (g)	당도 (°Bx)	산도 (pH)
약(37%)	551	13.2	7	2.73	249	11.3	4.50
중~약(47%)	408	7.4	8	1.53	252	11.1	4.52
중(51%)	269	6.7	14	1.36	264	11.5	4.57
강(66%)	243	4.7	18	0.97	275	11.1	4.58

03 복숭아나무 전정 요령

가 나무 세력을 판단한다.

웃자람가지와 단과지의 발생 비율 관찰로 나무 세력을 판단할 수 있는데 웃자람가지가 발생되지 않고 단과지가 90% 이상 발생되어 있으면 세력이 약한 것이고, 단과지가 약 50% 정도면서 웃자람가지가 많이 발생되어 있으면 강한 것으로 판단할 수 있다. 나무 세력이 적당한 성목은 웃자람가지가 4~5개, 단과지가 70~75%, 중과지가 25~30% 발생한다.

나 가지의 세력, 혼잡도를 고려하여 솎음전정과 자름전정을 실시한다.

나무 세력이 강한 경우에는 솎음전정 위주의 전정으로 세력을 안정시키고 약한 경우에는 자름전정을 실시하여 세력이 있는 가지를 발생시킨다. 개개의 곁가지 전정 시 그 선단의 열매가지가 15cm 이하인 경우 양수분을 빨아 당기는 힘이 약하므로 자름전정을 실시하고 15cm 이상인 경우에는 선단부에 2개 이상의 자람가지가 형성되므로 자름전정을 실시하지 않거나 매우 가볍게 한다. 열매가지는 원칙적으로 자름전정을 실시하지 않지만 가늘고 약한 경우에는 선단부를 약간 잘라 품질 향상과 가지 세력 유지를 꾀한다.

다 원가지, 덧원가지의 선단부는 젊게 유지시킨다.

원가지나 덧원가지의 선단부는 양분과 수분을 끌어올리는 힘의 원천이므로 항상 적당한 세력을 유지할 수 있도록 해야 한다. 만약 원가지나 덧원가지의 연장지가 열매가지보다 가늘게 된 경우에는 웃자람가지 등을 이용하여 갱신해 준다.

라 활력 있는 곁가지를 이용한다.

배면보다는 측면, 측면보다는 사면에서 발생된 곁가지가 활력이 좋고 이용할 수 있는 기간이 길기 때문에 좋은 위치에서 발생된 가지를 활용한다. 또한 등면에서 발생된 가지는 대체적으로 웃자라는 성질을 가지고 있어 나무 세력 안정이나 과실 품질 면에서 적당하지 않으므로 이른 시기에 제거하는 것이 좋다.

마 단·중과지를 열매가지로 활용한다.

열매가지 종류별 과실 크기는 꽃덩이가지(화속상단과지)와 단과지(10cm 이내의 짧은 열매가지)에서 큰 과실이 생산되고 품질 차가 적어 좋은 열매가지이지만 가지가 짧기 때문에 가지 쏠림이 많아 상처가 발생되기 쉬우므로 발생 위치가 좋은 단과지를 이용한다.

장과지(30cm 이상의 긴 열매가지)는 영양생장형이 많기 때문에 품질 차가 많고 과육이 쉽게 물러지며 변형과 발생이 많다. 이에 비해 단·중과지는 과실 크기와 품질이 우수하고 수량 및 나무 세력 유지 등의 측면에서도 우수하므로 단·중과지를 열매가지로 활용한다.

표27 복숭아 '백봉' 품종의 열매가지 종류별 과실 품질(井上, 1987)

열매가지 종류	과실 무게(g)	당도(°Bx)
꽃덩이가지	221	10.6
단과지	224	11.1
중과지	217	10.8
장과지	209	10.4

04 복숭아나무 전정의 주의점

Growing Peaches

가 수형 구성에 지나친 집착은 금물

지나치게 수형 구성에만 집착하는 경우에는 수관 확대가 느리고 강전정이 되풀이되므로 수형이 크게 흐트러지지 않는 한 충분한 여유를 가지고 서서히 수형을 구성해 간다.

나 주종(主從) 관계 유지

나무의 입체 공간을 충분히 활용하기 위해서는 가지 종류별로 긴 삼각형 모양이 될 수 있도록 길이와 세력을 조절하여야 한다. 특히 복숭아나무는 정부우세성이 변하기 쉬우므로 원가지, 덧원가지, 곁가지 선단부의 가지가 적당한 세력을 유지해야 가지 간의 세력 균형이 흐트러지지 않는다.

다 강전정은 가능한 한 자제

강전정을 실시하게 되면 자른 자리에서 웃자람가지 발생이 많아지고 이에 다시 강전정을 하면 또다시 웃자람가지가 발생하는 악순환이 되풀이된다. 이렇게 하면 나무의 세력이 약해지고 수명이 단축되며 결실 및 품질이 떨어진다. 이런 경우에는 유인 또는 순비틀기로 결실량을 많게 하여 나무 세력을 빨리 안정시켜야 한다.

라 선단부 잎눈 확보

중·단과지의 끝을 자르면 가지 선단부의 잎눈이 제거되어 과실 발육에 필요한 충분한 영양분 공급에 지장이 생기므로 과실 생장에 불리하다.

05 열매 맺는 습성과 열매가지의 종류

Growing Peaches

복숭아나무는 꽃눈이 잘 맺혀 2~3년생의 나무에도 과실이 달리며 세력이 강한 가지에서도 쉽게 결실이 된다. 꽃눈은 그해에 자란 새가지의 잎겨드랑이에 형성되어 다음해에 개화·결실된다. 가지의 끝눈은 잎눈이고 곁눈은 꽃눈과 잎눈이 섞여 보통 2~3개의 눈으로 되어 있다. 한 마디에 잎눈의 수는 1개 이하이고 꽃눈은 1~3개이다. 보통 기부 쪽에는 잎눈만 있는 경우가 많다. 발육이 좋은 가지에는 2눈 이상의 겹눈이 많고 세력이 좋지 못한 가지에는 홑눈이 생긴다.

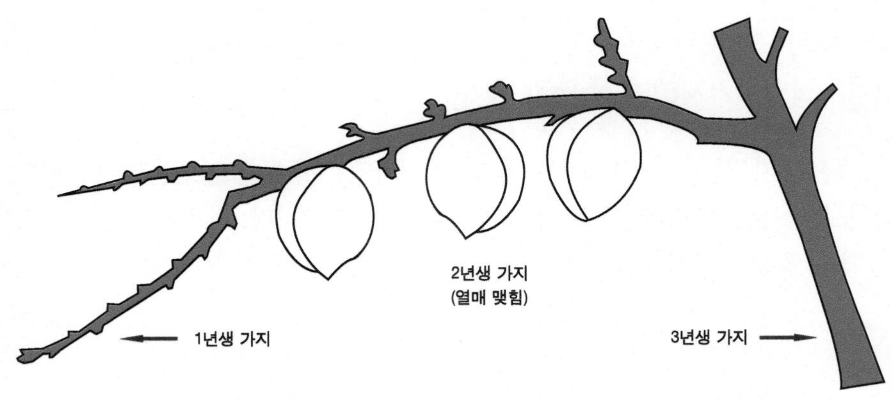

〈그림 23〉 복숭아나무의 열매 맺는 습성

가 장과지(長果枝)

길이가 30cm 이상 되는 열매가지로서 기부에 2~3개의 잎눈이 있고 중간에는 대개 꽃눈과 잎눈이 함께 붙으며 끝에 잎눈이나 꽃눈이 있다.

나 중과지(中果枝)

길이가 10~30cm인 열매가지로서 끝눈은 잎눈이지만 중간의 눈들은 잎눈이 없고 꽃눈만 있는 경우가 많다. 특히 발육이 좋지 않은 것에는 꽃눈만 있는 홑눈이 있다.

다 단과지(短果枝)

길이가 10cm 이하의 짧은 가지로서 끝눈만 잎눈이고 나머지는 모두 홑눈인 꽃눈으로 되어 있다. 충실한 단과지는 선단의 잎눈이 자라 다음해에 단과지가 되지만 세력이 약한 것은 열매가 맺고 난 다음 말라 죽는 경우도 있다.

라 꽃덩이가지(화속상 단과지)

꽃덩이가지는 길이가 3cm 이하인 열매가지로서 끝눈만 잎눈이고 나머지는 모두 꽃눈이 서로 닿아 마치 꽃덩이를 이룬 모양이다. 단과지와 같이 한번 열매를 맺고 난 다음에는 말라 죽거나 다시 꽃덩이 단과지가 되기 쉽다.

06 복숭아나무의 여러 가지 수형(樹形)

가 배상형(盃狀形)

복숭아나무는 방임 상태로 재배해 오다가 차츰 관리와 정지가 편한 배상형으로 나무를 다듬어 키워 왔다.

배상형은 묘목을 심고 원줄기를 높이 45~60cm에서 잘라 3~4개의 원가지를 내어 벌리고, 이듬해부터 2~3년간 매년 끝을 잘라 각 원가지에서 2개의 가지를 받아 가지 수를 12~24개로 만들어 벌린 꼴이다. 이 같은 수형을 만들기 위해서는 바로 선 가지를 벌려주기 위한 유인 작업을 하여야 하며, 전정 시 눈의 방향에 주의한다.

배상형은 나무의 자연성을 무시한 인공형 정지법으로 원가지를 벌려 놓아 웃자람가지 발생이 많고, 여름철 새가지 관리에 노력이 많이 들며, 아래 가지가 그늘져서 말라 죽기 쉽다. 또한 결과 부위의 상승을 초래해 경제적 수명과 수량도 떨어져 현재에는 거의 사용하지 않는 수형이다.

나 개심자연형(開心自然形)

나무 공간을 입체적으로 이용하기 위해서 원가지를 줄여서 자연스럽게 배치하고 덧원가지를 만들어 가는 개심자연형 정지법을 적용하게 되었다. 개심자연형은 원줄기의 길이를 60~70cm로 하고 원가지 3개를 20cm 내외의 간격으로 배치시킨 후 곧게 연장시키면서 원가지 위에 덧원가지를 2개씩 붙이는데, 발생 위치는 지상 1.5m 전후이다.

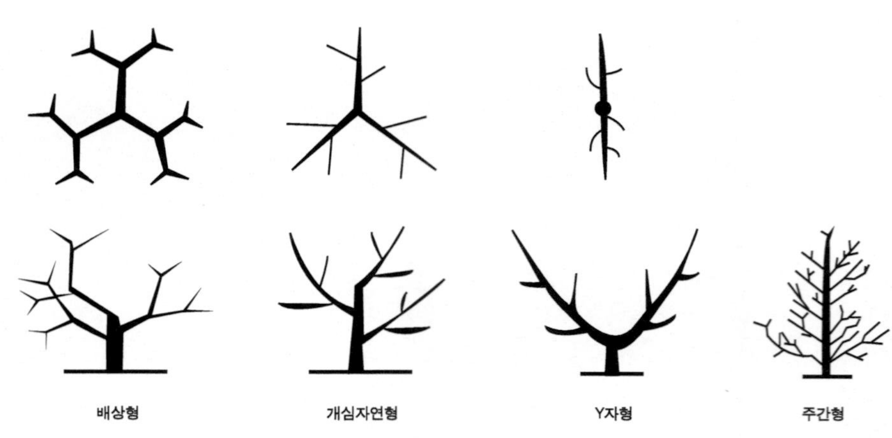

〈그림 24〉 여러 가지 수형의 모식도

다 Y자형

최근 과수 재배에서는 조기 다수확과 작업의 생력화 및 품질 향상 효과를 높이기 위해서 왜화 밀식 재배 경향이 높아지고 있다. 사과나무에서는 이미 왜화 재배가 일반화되었고 정지·전정법도 예전과는 상당히 달라졌다.

복숭아나무도 재식 거리를 달리하여 단위 면적당 많은 나무를 심어 조기 다수확을 계획한다면 기존의 개심자연형이나 배상형 수형으로는 다수확이 어렵다. 즉 재식 거리가 달라지면 수형도 달라져야 하는 것이다. 그러므로 복숭아에서도 밀식 재배에 적합한 새로운 수형의 개발이 필요 불가결한 과제로 등장하였다.

복숭아를 밀식하기 위한 수형은 원가지를 곧게 키우는 주간형 또는 방추형이나 원가지를 양쪽으로만 키우는 Y자형이 알맞다. 배상형이나 개심자연형은 보통 사방 5~6m 간격으로 심어야 하나 Y자 수형은 2~2.5×6~7m 간격으로 심으면 된다. 복숭아에서의 Y자 수형은 나무의 생장 특성상 비교적 수형 구성이 쉬우므로 밀식 재배에서 선호하는 형태이다. 개심자연형의 2본 원가지형처럼 키우면서 덧원가지를 두지 않고 0.6~1m 간격으로 배치된 곁가지에 열매가지를 붙인다.

〈그림 25〉 Y자 덕 시설과 가지 배치

라 주간형(主幹形)

주간형은 방추형과 매우 흡사하여 원줄기를 강하게 세운다는 점에서 공통점을 가지고 있다. 원줄기에 직접 열매가지군 가지만을 붙여 나간다면 방추형이 되지만 열매가지군 가지에 또다시 열매가지를 받아낸 상태라면 주간형이 된다. 그러므로 10a당 125주(4×2m) 이상의 초밀식 재배를 할 때에는 방추형으로 하고 그 이하로 심을 때에는 주간형으로 구성하는 것이 좋다. 주간형 구성은 대부분의 품종에 적용시킬 수 있으나 조생종은 수확 후 새가지 성장이 왕성하여 수형 유지가 곤란하므로 쉽게 착색되는 중·만생종 품종에서 적합하다. 또 중·장과지 발생이 적고 단과지가 잘 발생하는 '백도', '유명' 품종이 수형 구성 면에서 보다 유리하여 조기 증수 효과를 올릴 수 있다. 그러나 사과나무에서와 같은 왜성대목이 복숭아에서는 없고 나무 생장량이 많은 우리나라 기상 조건에서는 바람직하지 않은 수형이다.

마 사립주간형(斜立主幹形)

수고가 비교적 높은 주간형의 단점을 보완한 수형으로 초기에는 주간형으로 키우다가 성목이 되어 감에 따라 서서히 원줄기를 눕혀 나무 높이를 낮추고 광 이용률을 높이는 수형이다. 이 수형은 수고가 낮아 농작업의 생력화가 가능하다. 또한 Y자 수형에서와 같이 광 이용이 좋아 고품질 생산이 가능하며, 경사지에도 적용 가능한 수형이다. 그러나 사립주간형만으로 재배할 경우 수관 확대가 늦어 초기 수량 확보가 곤란하므로 사립주간형 나무 사이에 주간형의 간벌수를 재식하여 초기 수량을 확보하는 것이 좋다.

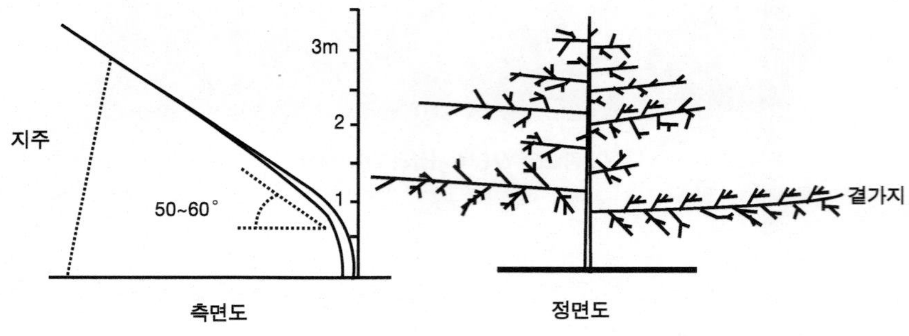

〈그림 26〉 사립주간형 모식도

표28 **복숭아나무의 수형 비교**

구분	배상형	개심자연형	Y자 수형
특징	· 원가지를 비슷한 위치에서 배치하고 자름전정으로 2개씩의 가지를 만드는 수형 · 매년 원가지 선단부 강전정으로 나무 높이 유지	· 기부 원가지보다 위쪽 원가지 각도가 좁은 형태 · 내음성이 약하여 개장성 형태를 보임	· 2본 원가지형(수형 구성 단순 및 밀식 재배 가능형) · 지상 50cm에서 세력 강한 가지 2개를 원가지로 활용하여 조기에 수형 구성
수고	2~3m	4~5m	3~4m
수폭	4~5m	5m	3~4m
재식밀도	33~37주/10a	33~37주/10a	57~83주/10a
재식 거리	6×5~6×4.5m	6×5~6×4.5m	6×7~2×2.5m
원가지수	3~4개	2~3개 내외	2개
분지각도	45°	· 제1원가지: 60~70° · 제2~3원가지: 30~50°	52°
골격지 구성	· 1차, 2차, 3차 원가지, 덧원가지, 열매가지	· 원가지, 덧원가지, 곁가지, 열매가지	· 원가지, 곁가지, 열매가지
장점	· 수고가 낮아 작업 편리 · 정지법이 비교적 간단 · 세력 분산시키기 쉬움 · 척박지 재배에 알맞음	· 수관 용적 크고 수량 많음 · 수광 조건, 과실 품질 좋음 · 경제수령 김	· 수형 구성 쉬움 · 열매솎기, 봉지 씌우기, 수확, 약제 살포 등이 편리하여 생력 재배 가능 · 밀식 및 조기 수확 가능 · 단위 면적당 수량 많음
단점	· 원가지가 찢어지기 쉬움 · 웃자람가지 발생이 많아 여름철 새가지 관리에 노력 많이 듦 · 평면적 착과로 수량이 적음 · 아래쪽 가지가 말라 죽어 결과 부위 상승 · 수명이 짧아지기 쉬움	· 수고가 높아 작업 불편 · 원가지 선단이 약해지기 쉬움 · 수형 구성이 어렵고 완성기까지 6~7년 걸림 · 원가지 간 세력을 고루 분산하기 어려움	· 유인 노력이 많이 듦 · 지주 시설비가 많이 듦 · 곁가지 및 나무 세력 유지가 어려움

표29 수형별 작업노력 비교(梅丸 등, 1993)

수형	10a당 작업노력(시간)			
	전정	열매솎기	봉지 씌우기	계
사립주간형	51.7	32.0	45.5 (30)[1]	129.2 (100)[2]
주간형	47.3	38.6	60.2 (39)	146.1 (113)
개심자연형	73.2	56.0	66.0 (36)	195.1 (151)

1 100과당 봉지 씌우기 시간(분)

2 사립주간형에서의 노력을 100으로 계산한 지수

바 평덕식

포도의 덕보다 강한 덕을 이용하여 수고를 2m 이내로 유지하기 때문에 가장 수고가 낮은 수형이다. 이 수형은 작업 효율이 높기 때문에 경사지에서도 활용 가능하나 주로 시설 재배에 이용되는 수형이다.

재식 거리는 영구수인 경우 6~8×4m이지만 초기 수관 확대가 늦어지기 때문에 영구수 사이에 간벌수를 심어 수량을 증대시킨다.

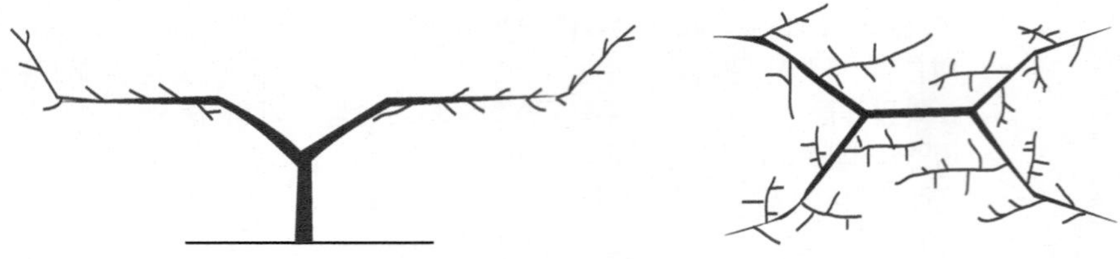

〈그림 27〉 평덕식 수형 모식도

07 열매가지 전정

가 예비지 전정(豫備枝剪定)

복숭아나무는 결과 부위가 상승하기 쉬우며 일단 상승하면 회복하기 어려우므로 그 전에 자주 갱신하여야 한다. 유목기에는 발육이 왕성하여 한 가지 갱신법은 어려우므로 두 가지 갱신법을 이용해야 한다. 예비지는 세력이 왕성한 가지의 기부 눈 2~3개를 남기고 잘라 2~3개의 가지가 발생하면 다음해에는 그중에 세력이 좋고 원가지나 덧원가지에 가까운 1개의 가지를 다시 2~3눈 위에서 잘라 예비지로 하고 나머지 가지는 열매가지로 이용한다. 이때 이미 열매가 달렸던 가지는 잘라 버리게 된다. 이와 같은 갱신법을 두 가지 갱신법이라고 한다.

나 장초 전정(長梢剪定)

복숭아나무의 장과지나 중과지는 끝을 자르게 되는데, 길이를 짧게 남기고 자르는 것을 단초 전정이라 하고 장과지를 길게 남기고 자르는 것을 장초 전정이라 한다. 장과지는 보통 끝을 1/3~1/4 자르거나 그대로 두며, 중과지는 선단부를 약간 자르거나 그대로 둔다. 단과지는 선단을 자르지 않는다. 장과지를 길게 두어 이용하면 착과량을 늘릴 수 있고 잎 면적 확보가 용이하여 과실 품질에 효과적으로 대처할 수 있는 장점이 있으나 자칫 결과부위의 상승과 과다 착과에 의한 나무 세력 약화의 원인이 될 수 있다. 반대로 장과지의 지나친 강전정은 수량 및 품질을 떨어뜨리고 웃자람가지 발생을 유발할 수 있으므로 전정의 강약이나 이용에도 세심한 주의가 필요하다.

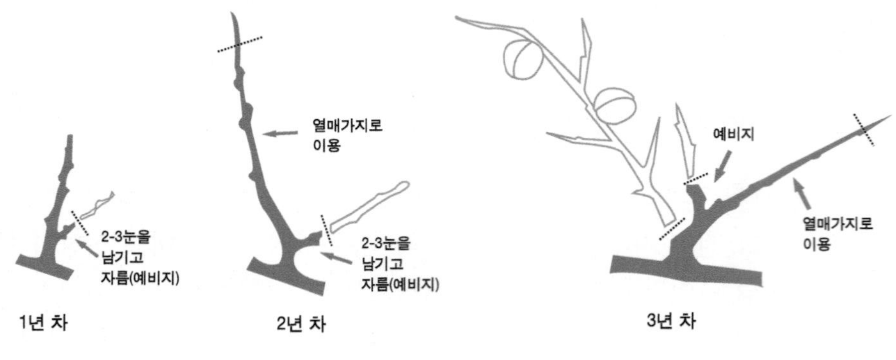

〈그림 28〉 열매가지 갱신법(예비지 전정)

장과지 길이별로 과실을 맺히게 한 후 다음해에 사용할 수 있는 새가지의 발생 정도를 장과지의 기부와 중부 및 선단부로 나누어 조사한 결과, 가지가 45°로 발생한 장과지의 기부에서 충실한 새가지가 많이 나왔다. 그러므로 장과지를 이용할 경우에는 직립지(일어선 가지)나 늘어진 가지보다는 45°로 뻗은 장과지를 이용하는 것이 결과 부위의 상승을 줄일 수 있어 좋다.

표30 **복숭아 장과지 발생 각도에 따른 새가지 발생 상태(趙, 1978)**

장과지 길이	발생 각도	새가지 하나의 평균 길이(cm)		
		기부	중앙부	선단부
30~40cm	25°	1.0	7.1	15.9
	45°	12.3	1.9	22.6
	70°	2.2	9.7	35.7
40~60cm	25°	1.3	5.2	11.8
	45°	19.7	4.6	11.9
	70°	10.2	8.6	17.3
60~90cm	25°	10.4	13.1	19.1
	45°	14.7	7.1	11.2
	70°	1.1	9.7	19.7

여름전정과 웃자람가지 활용

가 여름전정

낙엽과수에서 여름전정이란 봄철 눈 발아부터 낙엽이 질 때까지의 눈따기, 순지르기, 순비틀기 등의 새가지 관리를 포함한 수형 만들기와 가지치기 등 일련의 작업을 말하는 것인데 광 환경 개선과 깊은 관련이 있다. 복숭아는 특히 내음성이 약한 과수이므로 광 환경의 개선이 없이는 가지의 활용도를 높일 수 없다. 따라서 불필요한 가지를 이른 시기에 제거하거나 유인하지 않으면 고품질과 생산 및 결과 부위 상승 방지를 이룰 수 없게 된다.

(1) 여름전정의 효과

겨울전정과 비배 관리만으로는 나무 세력 조절이 어렵기 때문에 생육기의 새가지 관리를 그때그때 알맞게 실시해야 나무 세력을 조절할 수 있다. 또 수관 내부까지 햇빛을 잘 들어가게 함으로써 꽃눈(화아)분화와 저장양분 축적이 좋아져 충실한 열매가지 수가 증가하며 수관 내부 활용도를 높일 수 있다. 여름전정은 겨울전정에 비해 전정 상처의 아묾이 좋아 병해 발생이 적기 때문에 나무의 수명을 연장할 수 있다.

(2) 여름전정의 문제점

생육 중에 가지나 잎을 제거하게 되면 양분의 손실에 의해 나무 세력의 약화와 생육량 감소를 초래하게 된다. 특히 가지와 잎의 자람이 끝난 직후에 전정을 실시하면 이런 영향을 더욱 가중시킬 수 있다. 또 과실이 발육 중일 때에 전정을 하면 새로운 가지와 잎의 생장에 양분이 소비되기 때문에 과실 쪽으로 가야할 양분이 감소하여 숙기가 늦어지고 품질이 떨어지게 된다. 꽃눈분화가 시작되는 시기에 전정을 하면 새가지 생장이 정지되지 않고 생식생장보다는 영양생장 쪽이 왕성하게 되므로 꽃눈 맺힘이 나빠진다. 왕성하게 자라고 있는 가지를 잘라내면 새로 발생된 연약한 부초에 병해충 발생이 많아지는 등의 문제점이 있으므로 여름전정 시에는 이런 점을 충분히 인식하고 실시해야 한다.

(3) 여름전정 시기

개화 후부터 장마기까지는 새가지 발생과 자람이 왕성한 시기이다. 때문에 눈따기, 순지르기, 순비틀기 등으로 불필요한 가지를 이른 시기에 유인 또는 제거하면 수형 구성과 나무 세력 조절에 매우 효과적이다. 조생종 복숭아의 경우 수확이 완료된 이후의 장마기에는 상당히 강하게 자름전정을 실시하여도 나무 세력이 빨리 회복될 수 있으며 생육기간이 긴 남부 지방에서는 새가지에도 꽃눈이 맺힐 수 있다. 그러나 중생종, 만생종에서는 이 시기의 전정이 악영향을 미칠 수 있으므로 불가피한 경우가 아니면 가능한 가볍게 실시한다. 꽃눈이 분화·발육하는 한여름의 여름전정은 꽃눈 맺힘이 방해를 받을 뿐만 아니라 나무 세력이 쇠약해질 염려가 있다.

가을철은 저장양분이 축적되기 직전의 시기로 수확이 완료된 이후에는 이미 꽃눈분화가 종료되어 있을 뿐만 아니라 전정 상처의 아묾도 좋기 때문에 수관 내부의 광 환경 개선 및 남아 있는 가지의 저장양분 축적 증대로 열매가지가 충실해져 다음해의 결실에 좋은 영향을 줄 수 있다.

(4) 여름전정의 정도와 수체 반응

가지 끝을 잘라내지 않고 순비틀기를 하거나 수평으로 가지를 유인해 주면 가지의 영양생장이 약화되어 꽃눈 맺힘이 좋아진다. 웃자람가지와 같은 세력이 강한 가지가 되기 전에 새가지 끝을 손으로 따주면 그 이후에 발생하는 부초에 꽃눈이 맺힌다. 그러나 순지르기를 강하게 하면 그 후에 발생하는 새가지가 웃자라 꽃눈이 맺히지 않는다. 또한 전정 시기가 늦어지면 꽃눈 맺힘이 나빠진다. 따라서 지나치게 강한 여름전정으로 성숙 중인 과실의 숙기가 지연되거나 품질이 떨어지고 부초가 자라는 것을 피하기 위해서는 과실 수확이 끝나고 꽃눈분화가 완료된 가을철에 실시하여야 한다.

나 웃자람가지 활용

복숭아나무에서 웃자람가지 발생이 많게 되면 그늘이 생겨 수관 내부의 잎눈이 말라 죽게 되어 결과 부위의 상승이 초래될 뿐 아니라 수형을 어지럽혀 나무 세력의 안정도 어렵게 만든다. 특히 선단부 쪽의 골격지 세력이 급격히 쇠약해져 수량 및 품질을 떨어뜨리기도 하고 과실을 생산할 수 있는 경제수령을 현저히 단축시킬 수도 있다. 작업 편의를 위하여 수고를 낮게 유지시키고, 원가지 수도 많게 하는 배상형으로 나무를 키우는 경우 필연적으로 강전정이 수반되어 웃자람가지의 발생도 비교적 많은 편이다. 따라서 웃자람가지 관리를 보다 효율적으로 하기 위해서는 그 특성과 그 활용 방법을 잘 알아야 한다.

(1) 웃자람가지의 특성

웃자람가지는 직립성인 가지로 세력이 강하여 이를 직접 열매가지로 사용할 수 없는 자람가지의 일종이다. 보통 직경 0.9cm, 길이 100cm 이상으로 부초(2번지)가 붙은 가지이다.

웃자람가지의 발생은 수형이나 전정이 잘못된 나무에서 많고 과다 시비를 하거나 영양 과다 상태의 과원에서 많이 나타난다. 따라서 나무 내 가지 간의 영양공급 불균형 상태가 되지 않도록 가지 배치와 전정에 주의가 요구된다.

쿠로다(1969)에 의하면 복숭아나무에서의 웃자람가지 발생 부위는 굵은 가지를 잘라낸 부근이 가장 많아 전체 발생 수의 70.7%를 차지하고 세력이 강한 가지를 잘라낸 선단부가 24.1%, 기타 부위가 5.2%이었는데, 웃자람가지의 자람 정도와 잘려진 면적 간에도 관련이 깊다고 한다.

웃자람가지는 장과지에 비해 꽃눈분화가 충실하지 못해 맺히는 꽃눈 수도 적고 발육 상태도 나빠 열린 과실의 품질도 좋지 못하다. 복숭아나무에서도 웃자란 정도가 심한 가지일수록 기부 쪽으로 갈수록 꽃이 늦게 핀다. 야마시타(1970)에 의하면 전년도 장과지와 웃자람가지 상의 영양 상태를 비교해 본 결과 웃자람가지가 장과지에 비해 전반적으로 질소, 칼슘 및 당 함량이 현저하게 낮았으나 총 탄수화물 함량에서는 차이가 없다고 하였다.

표31 가지 종류·발생 부위가 꽃눈 발육에 미치는 영향(山下, 1970)

가지종류	발생 부위	꽃눈 수(개) (1m^2 길이당)	꽃눈 무게(g) (100화)
장과지	선단부	85.7	2.278
	중앙부	71.5	2.190
	기부	61.0	1.938
	평균	72.7(100)	2.135(100)
단과지	선단부	29.7	2.234
	중앙부	30.3	1.988
	기부	19.5	1.748
	평균	26.5(36)	1.990(93)

(2) 웃자람가지의 활용

복숭아 재배에 있어서 전정 시 웃자람가지 정리는 매우 중요한 작업 중의 하나이다. 유목기에는 원가지 형성에 이용되나 성목기에는 곁가지를 갱신하는 갱신지로 이용되므로 이를 적절히 유인 또는 전정하면 유용한 열매가지를 만들 수 있다.

복숭아나무 묘목을 심은 후 2~3년간은 세력이 강한 자람가지가 많이 발생하게 된다. 이러한 자람가지는 대개 웃자라는 성질을 띤 가지로 부초가 발생하여 수관이 급격히 확대된다. 따라서 당초 선정해 놓았던 원가지 세력과의 균형이 바뀌어 대체하게 되는 경우가 발생하게 된다. 성목기에는 쇠약해진 곁가지를 갱신하는데 웃자람가지가 유용하게 쓰이므로 강전정으로 필요한 부위에 바람직한 웃자람가지가 발생하도록 유도할 필요도 있다.

표32 가지 종류·발생 부위가 개화일에 미치는 영향(山下, 1970)

구분	부위	개화율(%)							
		4/15	16	17	18	19	20	21	22
장과지	선단부	1.17	5.34	40.23	44.24	7.51	0.50	0.50	
			(6.51)	(46.74)	(90.98)	(98.49)	(98.99)	(100)	
	중앙부	0.66	2.21	26.34	54.20	13.50	2.21	0.88	
			(2.87)	(29.21)	(83.41)	(96.91)	(99.12)	(100)	
	기부		0.49	17.72	51.20	19.41	7.04	2.67	0.97
				(18.21)	(69.91)	(89.32)	(96.36)	(99.03)	(100)
웃자람가지	선단부	0.36	2.18	26.91	41.09	24.36	2.54	1.82	0.73
			(2.54)	(29.45)	(70.54)	(94.90)	(94.90)	(99.26)	(100)
	중앙부			4.40	37.36	42.85	10.44	2.75	2.20
					(41.76)	(84.61)	(95.05)	(97.80)	(100)
	기부				12.50	36.54	31.75	10.58	8.17
					(12.98)	(49.42)	(81.25)	(91.83)	(100)

* ( ) 내 숫자는 누계 개화율임

(3) 필요 없는 가지의 제거 방법

한겨울의 복숭아나무 전정은 가지 마름을 촉진하고 가지마름병이나 세균성 수지병의 병균이 침입하여 나무 세력을 쇠약하게 만든다. 따라서 겨울철 추운 지방에서는 전정 시기를 이른 봄이나 발아 직전까지 늦추어 이들 병균이 상처 부위를 통하여 감염되는 것을 줄여주는 것이 좋다.

복숭아나무와 같이 전정 상처 부위가 잘 아물지 않는 경우에는 자르는 방법에 있어 나무의 생리나 생장 특성에 잘 맞도록 해 줄 필요가 있다. 전정 시기와 자르는 방법을 달리한 시험 결과 매우 추운 1월에 전정한 나무는 3월에 전정한 나무에 비해 가지마름병균의 감염이나 수지증상의 발생이 많았다. 따라서 겨울철 추운 지방이나 겨울이 추운 해에는 전정 시기를 늦추는 것이 좋다.

한편 굵은 곁가지나 경쟁되는 가지의 제거는 분지된 기부의 주름 잡힌 조직을 약간 남기고 자른 경우가 바투 자른 경우보다 전정 상처 부위의 말라 죽는 정도, 가지마름병 감염률, 수지 증상 발생률, 상처 부위 조직의 갈변 면적 등이 크게 감소하였다.

표33 복숭아 전정 시기와 방법이 전정 상처 부위의 말라 죽는 정도와 가지마름병 감염 등에 미치는 영향(Charles 등, 1984)

처리		전정 상처 부위의 말라 죽는 정도 (mm)	가지마름병 감염 (%)	수지 발생 (%)	조직 내 갈변 조직 (cm^2)
전정 시기	1월	16.3	35.4	27.7	3.4
	2월	16.3	20.0	17.9	3.2
	8월	11.6	21.3	25.4	2.5
전정 방법	3~5 남김	20.9	26.5	5.8	3.6
	주름 조직 남김	7.9	19.3	11.7	2.4
	바투 자름	16.4	31.0	53.6	3.2

09 개심자연형 전정

가 개심자연형 수형의 기본

(1) 원줄기의 길이

원줄기는 원가지를 배치시키는 가장 중요한 중앙부의 기둥을 말하는 것으로 보통 2~3개의 원가지를 발생시킨다. 원줄기가 길수록 기계를 이용한 작업은 편리하나 열매솎기, 봉지 씌우기, 수확 등의 수작업은 불편해지고 바람에도 약해지기 쉽다. 복숭아는 기부(基部)의 가지일수록 세력이 왕성해지는 특성이 강하므로 원줄기를 길게 하려고 해도 위쪽 가지는 세력을 얻기 어려워 길게 하기가 어렵다. 복숭아 수형을 배상형이나 개심자연형으로 만들어 온 것은 그러한 특성을 쉽게 이용하기 위한 것이다. 개심자연형 원줄기의 길이는 70cm 내외로 하되 비옥한 토양에서는 길게, 척박한 토양에서는 짧게 하는 것이 좋다.

(2) 원가지의 수

원가지 수가 많으면 아래쪽에 그늘이 많아지게 되어 곁가지들이 말라 죽기 쉽다. 그러므로 원가지 수는 2본으로 하는 것이 좋으며 대체로 비옥한 땅에서는 원가지 수를 적게 하고 척박한 땅에서는 많게 한다.

(3) 원가지의 발생 위치

원가지는 보통 지상 30cm에 제1원가지를 두고 그 위쪽으로 20cm 내외의 간격으로 제2, 제3원가지를 둔다. 원가지의 간격이 너무 가까워 차지(車枝, 바퀴살가지)가 되면 가지가 찢어질 수 있고 결과 부위가 평면적이 될 수 있으므로 15cm 이상은 떨어지게 배치하여야 한다.

(4) 원가지의 분지각도

원가지는 분지각도가 좁을수록 위로 서게 되어 생장이 왕성하고 찢어지기 쉽다. 분지각도는 가지 발생 초기에 되도록 수평 쪽으로 벌어진 것을 택하는 것이 좋다. 복숭아는 가장 위쪽의 원가지 세력이 쉽게 약해지기 때문에 이 가지의 분지각도는 좁게 하고 밑의 가지일수록 각도를 넓게 하여 원가지 세력이 균형 있게 발달되도록 해야 한다.

3본 원가지에서 가장 아래에 있는 제1원가지 분지각도는 60~70°, 제2원가지는 45~50°, 제3원가지는 30° 내외로 하는 것이 좋다. 2본 주지의 경우 위쪽 원가지는 원줄기를 약간 눕혀 그대로 이용하고 아래 원가지는 60° 정도로 벌려 주면 된다. 원가지 끝부분은 늘어지지 않도록 비스듬히 일어서게 키워 원가지가 곧 바르게 해준다.

(5) 덧원가지(副主枝, 부주지)의 형성

원가지에 붙이는 큰 가지를 덧원가지라 하는데 각 원가지마다 1~2개를 붙이게 된다. 원가지에 직접 발생한 가지라도 작은 가지는 덧원가지라 부르지 않는다. 덧원가지는 원가지와 비슷한 목적으로 결과 부위를 확대시키고자 하는 것이므로 곧게 뻗어나가도록 하되 원가지보다 세력을 약하게 만들어야 한다.

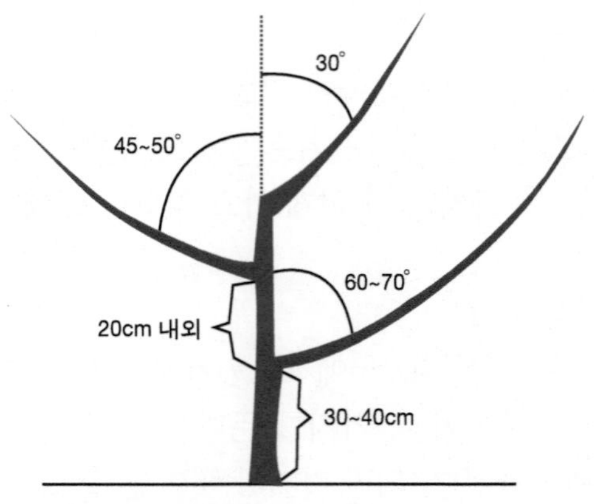

〈그림 29〉 3본 개심자연형의 원가지 배치

덧원가지는 나무를 심은 후 3년째부터 하나씩 만들어 가면 된다. 즉 제3원가지에서는 3년째, 제2와 제1원가지에서는 4년째에 덧원가지 하나씩을 선정하고 1~2년 후 다음 것을 선정하도록 한다. 원가지 아래쪽에 붙이는 제1덧원가지는 길게 키우고 그 위쪽에 붙이는 덧원가지는 짧게 키워 수관 내부에 일조와 통풍을 좋게 해주어야 한다.

덧원가지는 원가지의 측면과 아래쪽의 중간 부위에서 발생한 가지를 택하는 것이 좋다. 덧원가지의 발생 위치는 원가지에 따라 달리 해주어야 세력의 균형을 잘 맞출 수 있게 된다. 제1덧원가지는 제3원가지에서 원줄기로부터 30cm 정도 떨어진 거리에, 제2원가지에서는 60cm, 제1원가지에서는 90cm가 되는 위치에서 발생시킨다. 원가지 상의 각 덧원가지 사이 간격은 90~120cm가 되도록 배치하는 것이 좋다.

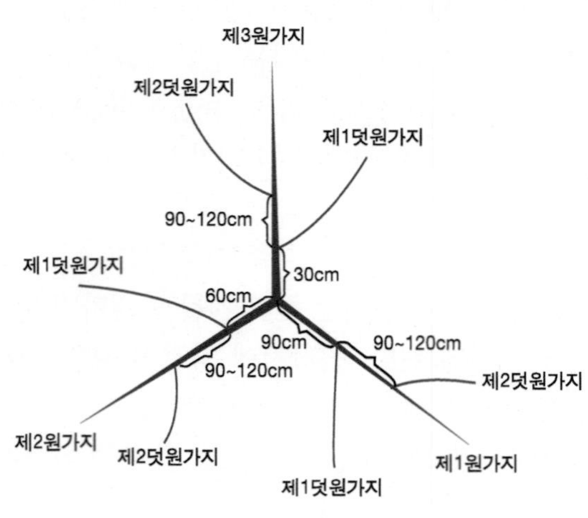

〈그림 30〉 원가지와 덧원가지의 배치

(6) 곁가지의 형성

곁가지는 원가지 또는 덧원가지에 붙는 가지로서 열매가지가 발생하는 가지이다. 원가지와 덧원가지는 나무의 골격이므로 오랫동안 유지하여야 하지만 곁가지는 필요에 따라 갱신하여야 하므로 너무 크게 키울 필요는 없다.

곁가지의 배치나 크기를 잘못 조절하면 나무 속에 그늘이 많이 생기며, 과실 비대가 나빠져 품질이 떨어진다. 또한 나무 속의 가지들이 말라 죽기 쉬우므로 곁가지 크기를 알맞게 형성시키는 것이 중요하다. 곁가지의 세력은 언제나 덧원가지의 세력보다 약하도록 유지하여야 한다. 수관 위쪽의 곁가지는 짧게 유지하고 아래로 내려올수록 곁가지의 크기를 크게 한다.

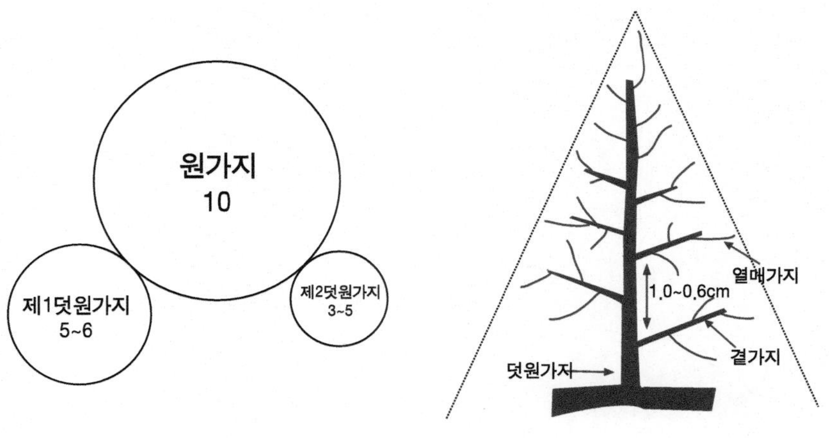

〈그림 31〉 원가지와 덧원가지의 비교

〈그림 32〉 곁가지의 간격

직사광선이 굵은 가지에 내리쬐면 일소를 받기 쉬우므로 노출되지 않도록 곁가지를 고르게 배치한다. 곁가지는 너무 커지기 전에 갱신해야 하는데 갱신 방법으로는 곁가지 내에서 행하는 방법과 곁가지를 기부에서 제거하고 원가지나 덧원가지에 발생한 어린 가지로 바꾸는 방법이 있다. 형태는 곁가지의 선단과 각 열매가지를 연결하는 선이 삼각형이 되도록 하고, 아래쪽 가지에 광선이 잘 들어가도록 해야 한다.

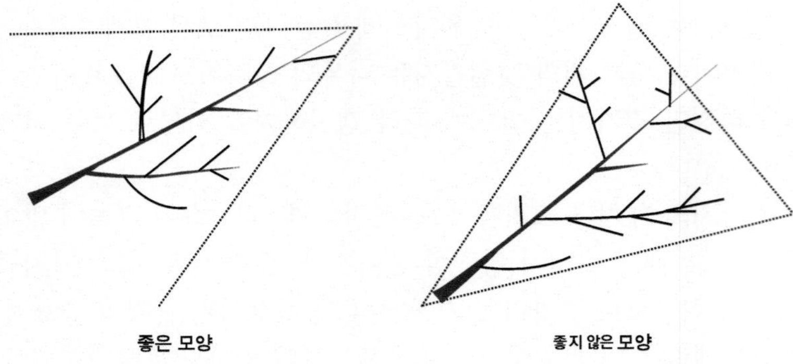

〈그림 33〉 곁가지의 형태

10 Y자 수형 전정

Growing Peaches

가 복숭아 Y자 수형 재배의 특징과 조건

Y자 수형에 의한 재배 방식은 크게 두 가지로, 지주와 유인선을 설치하여 계획적으로 나무를 키워가는 방식과 지주 없이 2본 원가지형 개심자연형처럼 키우면서 덧원가지를 두지 않고 곁가지와 열매가지를 배치하여 키워나가는 방식으로 구분할 수 있다.

배상형이나 개심자연형 수형의 경우 10a당 25~80주를 심었으나 1980년 이후부터 팔메트나 Y자 수형의 보급이 많아졌다. Y자 수형은 조기 다수효과가 일반 개심자연형보다 3~4배로 높아 조기 수확을 올릴 수 있으며, 수고를 3.5m 이하로 낮게 구성한 계획적인 수형 구성과 유인에 의해 수광 상태가 좋아져 고품질 과실 생산과 생력화가 가능하다.

표34 주간형과 Y자 수형의 재식 거리별 수량

구분	재식 거리 (m)	재식 주수 (주/ha)	수량(kg/ha)					
			3년 차	4년 차	5년 차	6년 차	7년 차	8년 차
주간형	4×1.9	1,320	10,560	18,350	12,580	22,310	19,580	17,300
	4×2.5	1,000	6,950	16,400	15,080	22,770	28,940	22,040
	5×3.0	660	4,660	8,290	6,730	11,740	19,270	18,990
Y자형	4×1.9	1,320	6,600	26,020	19,230	25,040	24,240	22,230
	4×2.5	1,000	6,440	17,590	16,400	20,270	26,500	22,910
	5×3.0	660	2,180	12,980	8,740	14,310	17,450	19,780
개심자연형	5×6.0	330	1,090	6,170	6,480	8,890	11,160	13,060

* 품종: 창방조생, 시험장소: 수원

※ 자료: 농업과학논문집 36(1):460-464, 1994

표35 복숭아 수형에 따른 수고 및 작업 능률

구분	수고 (m)	수관 점유 용적 (m^3)	봉지 씌우기 시간 (분)	수확시간 (분)
Y자형	3.6(88)	64(32)	19(83)	8(89)
개심자연형	4.1(100)	201(100)	23(100)	9(100)

* ( ) 내 숫자는 개심자연형을 100으로 한 지수, 100과당 소요시간

※ 자료: 農業および園藝, 1996

표36 복숭아 수형에 따른 수관 아래의 밝기와 과실 품질 및 수량

수형	수관 아래 밝기[1]	수관 위아래 과실 품질 차이[2]				10a당 재식주수 (주)	10a당 수량 (kg)
		과실 무게	당도	착색	수량		
Y자형	35	85	90	104	110	75	3,225
개심자연형	28	84	95	95	149	13	3,040

* 수관 외부 밝기를 100으로 한 지수
* 지상부를 100으로 한 지수

나 복숭아 Y자 수형 구성 방법

(1) 재식 밀도

재식 밀도(단위 면적당 심는 나무 수)는 재배 지역의 기상 조건이나 토양 조건, 경사도 등의 여러 가지 입지 조건과 품종 특성, 곁가지 유인 방법, 병해충 방제, 기계화 정도 등을 미리 예상하여 정하는 것이 바람직하다.

배상형이나 개심자연형 수형일 때 보통 사방 4~6m 간격으로 10a당 25~62주를 심었으나, 외국의 경우 Y자 수형 밀식 재배는 5~7×1.5~3.0m 간격으로 10a당 70~150주를 재식하고 있다. 우리나라의 재배 환경에 알맞은 재식 밀도 등에 관한 연구 결과 재식 거리는 6~7×2~4m가 추천되고 있고 2개의 원가지 간의 분지각도는 80°가 좋은 것으로 알려졌다.

(2) 재식열 방향

나무의 Y자 배치 방향은 수광 태세를 고려하면 남북열로 하는 것이 바람직하다. 동서열의 경우 남측과 북측 원가지의 광 분포 차이가 있기 때문에 나무의 생육과 과실 품질 면에서 바람직하지 못하다. 부득이하게 동서열로 심을 경우에는 광 분포 차이를 줄여주기 위해 분지각도 및 곁가지 배치 조절이 필요하다.

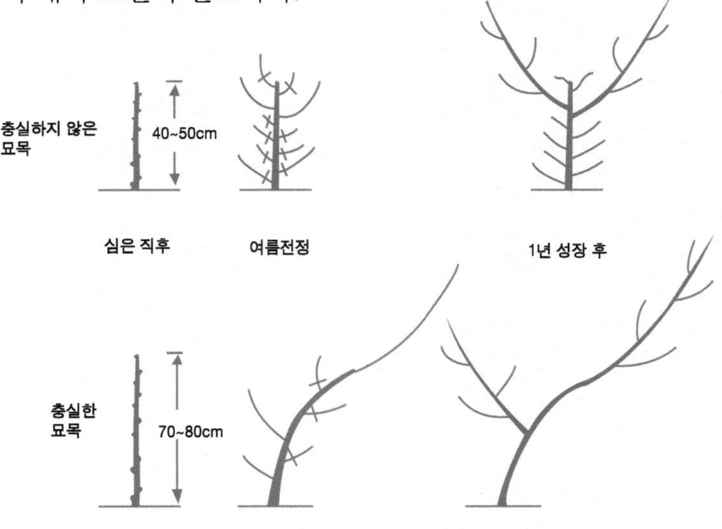

〈그림 34〉 Y자형 구성 시 묘목 자른 후 원가지 키우기 모식도

(3) 심을 때 묘목의 자르는 방법

복숭아 Y자형의 수형 구성은 심은 후 4~5년 이내 조기 완성을 목표로 하기 때문에 심을 당시의 유목 시기부터 계획적으로 실시해야 된다.

Y자 수형 구성 시 묘목 상태가 충실하지 않는 경우에는 40~50cm 높이에서 자른 후 발생한 가지 중에서 위치와 발생 각도가 넓은 것을 제1, 제2원가지 후보지로 선정하고 유인하여 키우는 것이 수관 확대에 효과적이다. 한편 묘목의 길이가 70~80cm 이상으로 충실한 묘목인 경우에는 원줄기를 50°(앙각, 수평면과 가지 사이의 각도) 정도로 유인하여 제1원가지로 키운 후 기부 20~30cm 높이에서 제2원가지를 받는 것이 수관 확대에 효과적이다.

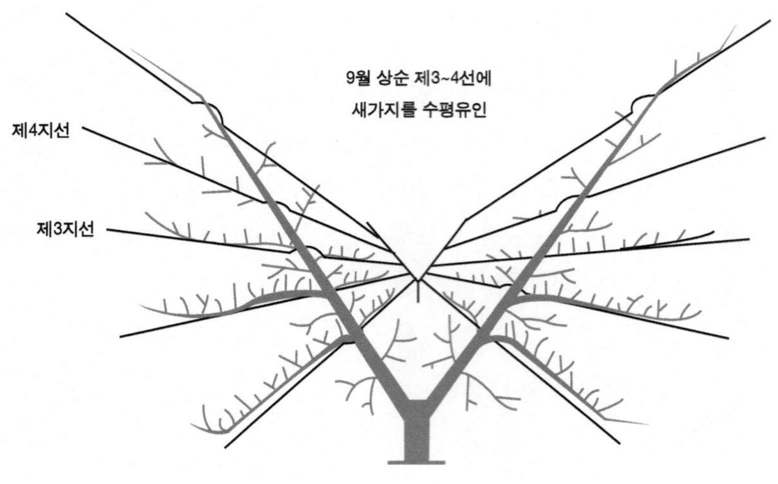

〈그림 35〉 Y자 수형의 수평유인 방법

제Ⅷ장
결실 관리

1. 수분(受粉)과 수정(受精)
2. 결실 조절
3. 봉지 씌우기
4. 착색 관리
5. 무봉지 재배

01 수분(受粉)과 수정(受精)

가 개화 생리

꽃눈분화가 완료된 꽃눈은 9월부터 서서히 휴면에 들어간다. 품종에 따라 차이는 있지만 대체로 7℃ 이하의 저온에서 1,000시간 이상 지난 후 봄철 기온 상승과 더불어 개화한다. 이때 나무 내의 전분이나 단백질은 가용성 소르비톨(Sorbitol), 포도당, 아미노산으로 변화되어 완전한 꽃 기관 형성에 이용되며 수액 이동과 더불어 개화가 이루어진다.

나 수분

복숭아가 정상적으로 결실되기 위해서 충실한 꽃가루가 수분되어야 한다. 대부분의 품종은 꽃가루가 있지만 꽃가루가 적거나 없는 품종도 있다(표 37). 이들 품종을 심을 때에는 반드시 꽃가루가 많은 품종을 수분수로 함께 섞어 심어야 한다. 최근 공해 등으로 방화곤충이 줄었고 나쁜 날씨 때문에 인공수분의 필요성을 주장하는 하는 경우도 있지만 시설 재배나 개화기 기상이 특히 나쁜 경우를 제외하고는 거의 필요 없다.

표37 **우리나라의 복숭아 재배 품종별 꽃가루 유무**

꽃가루가 있는 품종	매우 적거나 없는 품종
백미조생, 포목조생, 치요마루, 백향, 월미복숭아, 왕도, 감조백도, 대구보, 장호원황도, 백봉계, 천도계	사자조생, 월봉조생, 창방조생, 백약도, 대부분의 백도계(미백도, 기도백도), 서미골드, 용성황도

인공수분을 위한 꽃가루는 꽃이 피기 직전의 꽃봉오리를 따서 채취한다. 온도 25℃, 습도 40%가 가장 좋다. 채취한 꽃봉오리를 20℃ 전후의 실온에서 하룻밤 동안 두면 꽃밥이 터져 꽃가루가 나오게 된다. 인공수분시킬 면적이 1,000m^2(300평)라면 꽃봉오리 약 5,000개(0.8~1kg) 정도에서 충분한 양의 꽃가루를 얻을 수 있다. 꽃가루는 저온건조한 조건에서 보관하는 것이 좋으며, 기름종이에 모아 꽃가루 양의 5배 정도되는 석송자 등의 증량제를 섞어 사용한다. 과원이 소규모라면 오전 11시경에 꽃가루가 터져 있는 꽃을 따서 직접 수분시키는 방법이 있는데, 꽃 하나로 5~10개의 꽃에 수분시킬 수 있다. 인공수분은 바람이 불지 않는 날에 면봉이나 전동살포로 실시한다.

다 수정

암술머리에 꽃가루가 수분되면 꽃가루관이 발아하고 암술대 속의 통로를 따라 씨방에 도달하여 수정된다. 복숭아는 다른 과수와 달리 배낭과 난핵 등의 기관이 완성되기까지 개화 후 5일 정도가 걸린다. 또 수분된 꽃가루의 꽃가루관 신장도 느려 수정되기까지 8일 정도가 필요하다. 수분 후 꽃가루관 신장은 2일째까지는 급속히 신장하여 암술대의 중앙부까지 도달하지만 그 후 정지하였다가 6일 이후에 다시 신장을 계속하여 수분 8일 후에 암술대의 기부에 도달하게 된다. 최종적으로는 밑씨 기부의 주공을 통과하여 수정된다. 다른 과수는 개화에서 수정까지의 시간이 2~3일 걸리지만 복숭아는 12~14일이 걸린다.

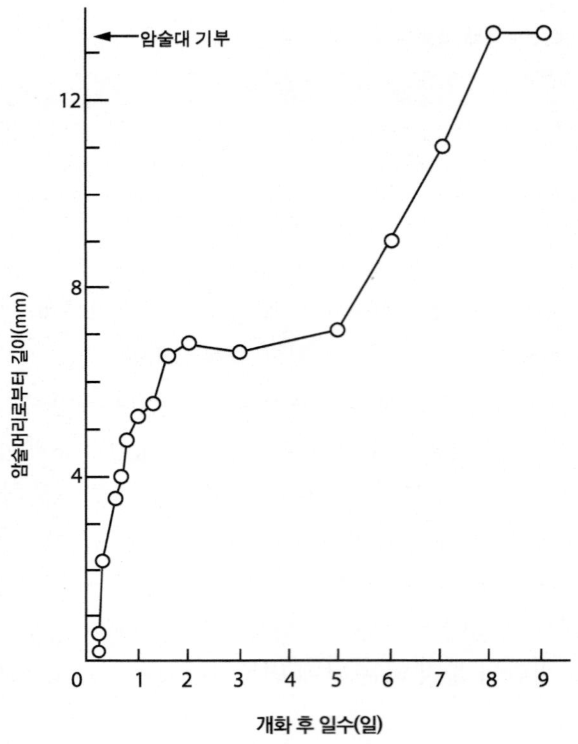

〈그림 36〉 꽃가루관 신장

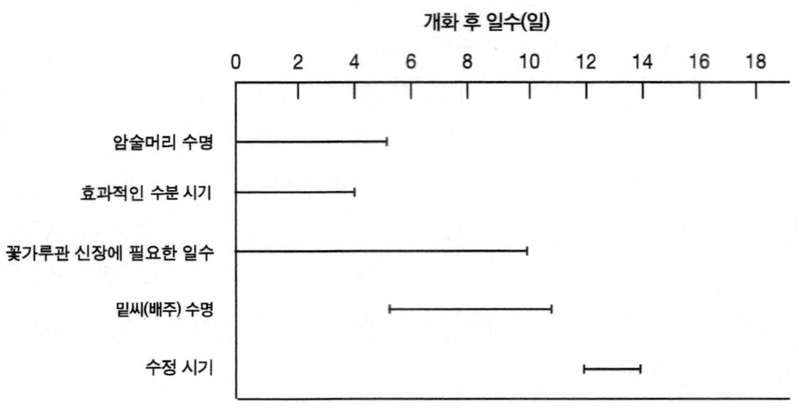

〈그림 37〉 수분 및 수정 소요일수

02 결실 조절

Growing Peaches

가 꽃눈, 꽃봉오리, 꽃, 열매솎기의 목적

복숭아 성목 한 그루당 꽃 수는 보통 20,000~25,000개이지만 최종 수확과는 800~1,000과로 개화수의 4~5%밖에 되지 않기 때문에 90% 이상은 꽃봉오리 솎기, 열매솎기로 제거된다. 수정되지 않은 꽃은 낙화하지만 불필요한 꽃이나 과실을 가능한 이른 시기에 솎아내면 불필요한 양분의 소모를 줄이고 결실량 조절에 드는 노동력도 분산시킬 수 있다. 또 열매솎기 작업 시 복숭아 털 때문에 어려움이 발생하기도 하므로 꽃눈, 꽃봉오리, 꽃솎기를 통하여 노력분산의 효과도 높일 수 있다.

이 작업의 목적은 ① 착과량 조절에 의한 대과 생산 ② 나무 세력 조절에 의한 해거리(격년결과) 방지 ③ 착색 증진 ④ 과실 균일도 증진 ⑤ 적당한 과실 간격 유지로 병해충 방제 효율 증진 등이다.

나 꽃봉오리 및 꽃 솎기

(1) 기대 효과

꽃봉오리와 꽃 솎기는 과실 비대 촉진 효과가 높다. 만개 후 50일경 횡경 4mm 정도의 차이는 수확기에 150g 정도의 과실 무게 차이가 있다고 보고되어 있으므로 과실 크기를 키우는 데 매우 중요하다.

또한 꽃봉오리 솎기를 한 나무와 그렇지 않은 나무에 대하여 결실이 안정된 만개 후 40일경에 잎 면적을 비교해보니 초기 발생된 잎의 크기 및 두께는 꽃봉오리 솎기를 한 나무의 것이 더 크고 두꺼웠으며 새가지의 발육 정지도 빠른 것으로 나타났다.

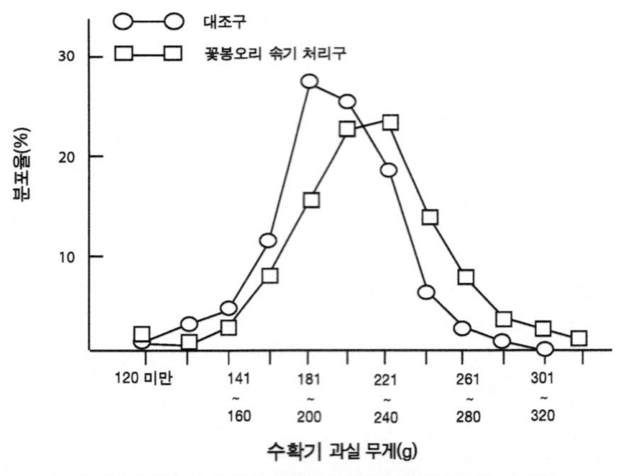

〈그림 38〉 꽃봉오리 솎기가 과실 무게에 미치는 영향

(2) 작업 정도

꽃가루가 많고 결실이 좋은 품종('대구보', '유명' 등)이나 나무 세력이 약한 품종 또는 약전정을 실시한 나무는 총 꽃 수의 70%를 솎아준다. 반면 꽃가루가 적고 결실이 나쁜 품종('미백도', '창방조생', '백도' 등), 나무 세력이 강한 품종 및 강전정을 실시한 나무는 총 꽃 수의 50~60%를 솎아낸다. 또 열매가지별로 꽃덩이가지는 4~5본에 꽃봉오리 1개, 단과지는 선단부에 2~3개, 중과지(20~30cm)는 중앙부에 3~4개, 장과지(30cm 이상)는 중앙부에 6~7개의 꽃을 남기고 꽃봉오리 및 꽃 솎기를 한다.

(3) 작업 시기 및 방법

꽃봉오리 솎기의 최적 시기는 꽃봉오리 윗 부분이 붉은색을 조금 띠고 크기가 콩알 정도 되었을 때이다. 방법은 (그림 39)에서와 같이 엄지와 집게손가락을 둥글게 말아 열매가지 선단에서 기부 쪽으로 훑어 내려가면서 열매를 달 부위만 손가락을 펴서 남겨 둔다. 열매가지에 과실이 달리는 방향은 봉지 씌우기 등의 작업을 고려하여 아래 방향의 꽃을 남겨 둔다. 기상이 나쁠 것으로 예상되거나 늦서리 피해가 잦은 지역은 꽃봉오리 발생 시기가 아닌 꽃이 핀 후에 솎아주어야 적당한 꽃 수를 확보할 수 있다.

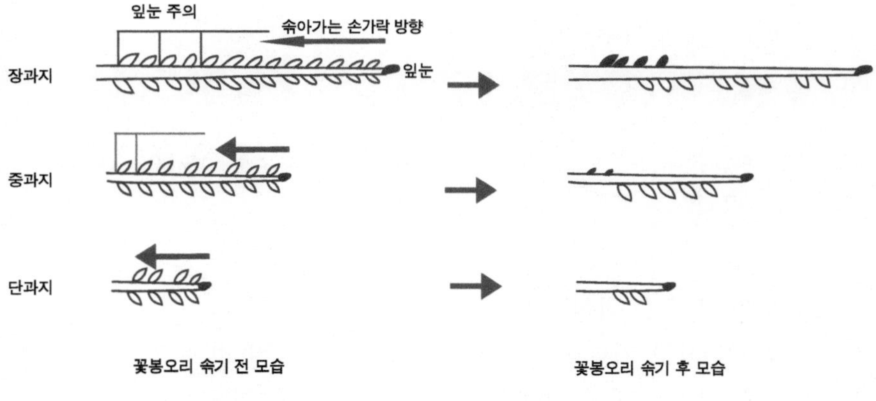

〈그림 39〉 꽃봉오리 솎기 방법

다 열매솎기(적과)

(1) 열매솎기 정도

열매솎기 정도는 꽃봉오리나 꽃 솎기에서와 같이 품종, 나무 세력, 지력에 따라 조절되어야 하며 열매가지의 강약도 고려해야 한다(표 38). 일반적으로 열매솎기할 때를 기준으로 조생종에서는 잎 20매당 1과, 중생종은 25매당 1과, 만생종은 30매당 1과 정도를 두고 하는 것이 적당하다. 열매가지 종류별 착과는 단과지 5개당 1개, 중과지 1개, 장과지는 그 길이에 따라 20cm 간격으로 1개씩을 남기고 솎아 내어 조절한다.

표38 **나무 세력과 열매솎기 정도**

<table>
<tr><th>나무 세력</th><th>꽃봉오리 솎기</th><th>예비 적과</th><th>정리 적과</th><th>수정 적과</th><th>착과지 수</th></tr>
<tr><td>강</td><td>60~70% 실시
(약간 약하게)</td><td>최종 착과량의
2배를 남김</td><td>최종 착과량의
1.2배를 남김</td><td rowspan="3">수시로
발육불량과,
기형과,
병해충 이병과
등을 제거</td><td>105~110</td></tr>
<tr><td>중</td><td>70~80% 실시
(보통 정도)</td><td>최종 착과량의
1.5배를 남김</td><td>최종 착과량의
1.1배를 남김</td><td>100</td></tr>
<tr><td>약</td><td>80% 실시
(약간 강하게)</td><td>최종 착과량의
1.2배를 남김</td><td>최종 착과량보다
조금 많게 남김</td><td>90~95</td></tr>
</table>

표39 **과실당 엽수 및 10a당 착과 수**

구분	엽수/1과	착과 수/10a
조생종	20~30	18,000~20,000
중생종	25~35	16,000~18,000
만생종	30~40	13,000~15,000

(2) 열매솎기 대상 과실

열매가 작고 기형이거나 한쪽이 더 많이 자란 편육 과실, 병해충 피해 과실, 일소나 바람 피해를 받기 쉬운 상향과, 열매가지의 최선단이나 기부 쪽 과실 등이다.

(3) 열매솎기 시기

열매솎기 시기가 빠를수록 나무의 양분 손실이 적지만, 너무 빠르면 불량 과실의 판단 기준이 모호하므로 이런 요소를 정확하게 판단할 수 있을 때 가능한 빨리 실시한다. 그러나 열매솎기를 이른 시기에 강하게 하면 새가지 생장 쪽으로 양분 공급이 편중되어 핵할, 기형과 발생이 많아지고 생리적 낙과가 유발될 수 있다. 그러므로 예비 적과, 정리 적과 및 수정 적과 순으로 나누어 실시하는 것이 좋다.

(4) 열매솎기 종류

가. 예비 열매솎기(만개 후 2~3주 사이)

꽃봉오리나 꽃 솎기를 실시한 경우라면 생략할 수 있지만 과실 크기가 작은 소과성 품종이거나 꽃봉오리 및 꽃 솎기가 충분히 되지 않았을 경우는 예비 열매솎기를 실시하는 것이 좋다. 이때 꽃가루가 있는 품종은 빠를수록 좋고 꽃가루가 없는 품종은 만개 30일 경에 실시한다. 예비 열매솎기 시 남겨야 할 과실 수는 최종적으로 남길 과실의 2~3배이다. 즉 장과지 4~5과, 중과지 3~4과, 단과지 1과 정도로 착과시키도록 한다.

나. 정리 열매솎기(만개 후 40일 전후)

정리 열매솎기는 봉지 씌우기 전의 최종 열매솎기 성격을 갖게 된다. 이때 나무 세력을 정확히 진단하여 세력에 알맞도록 착과량을 조절해 준다. 나무 세력이 적당한 나무라면 장과지는 2~3과, 중과지는 1~2과, 단과지는 1과를 착과시켜 곁가지 간의 균형을 유지하도록 한다. 나무 전체의 배분은 전체를 100%로 볼 때 상단부 105~110%, 하단부 90%로 착과시킨다. 정리 열매솎기 시 최종적으로 남길 과실은 대과로 될 소질이 높은 납작하고 길쭉한 것이다. 햇빛을 잘 받을 수 있는 열매가지의 경우에는 측면의 과실을, 수관 내부 또는 늘어진 열매가지의 경우에는 하늘 쪽으로 향한 것을 남겨 착색 균일도가 증대되도록 한다.

다. 수정 열매솎기

봉지를 씌워 재배하는 경우에는 수정 열매솎기가 불필요할 만큼 열매솎기가 충분하고 균일하게 이루어져 있는 것이 보통이지만 무봉지 재배 시에는 예정 착과량보다 과다 착과되기 쉬우므로 만개 60일 이후부터 수시로 기형과, 편육과, 병해충 이병과를 따낸다.

03 봉지 씌우기

생식용 복숭아 품종을 재배할 경우, 7월 하순까지 수확할 수 있는 품종은 약제에 의한 병해충 방제가 비교적 쉽기 때문에 무봉지 재배가 가능하나 8월 이후에 수확되는 품종은 봉지를 씌워 재배하는 편이 유리하다. 복숭아를 무봉지 재배하게 되면 과피색은 연하고 곱지 못하나 착색에 의한 당 및 비타민 C의 함량이 높아지므로 맛과 영양이 좋아지며 생리적 낙과도 줄일 수 있다.

가 봉지 씌우는 목적

봉지 씌우기는 병해충 방지 및 외관의 수려함을 도모하기 위해 실시하지만 많은 경영비가 투입되는 작업이다. 수작업으로 이루어지는 봉지 씌우기는 많은 노력이 단기간에 투입되므로 경영 규모 확대에 걸림돌이 되는 작업이다. 그러나 ① 병해충 피해를 방지할 수 있고 ② 외관이 수려한 과실 생산이 가능하며 ③ 과피가 약한 열과성 품종(특히 천도)에서 열과 방지가 가능하고 ④ 과육 착색이 쉬운 품종의 과육 내 색소 발현을 억제하여 과육이 깨끗한 과실 생산이 가능한 장점이 있다.

나 봉지 씌우는 시기

정리 열매솎기가 완료되고 심식충이 산란을 시작하기 전인 6월 상순까지 봉지를 씌우며, 생리적 낙과가 심한 품종은 10일 정도 늦춘다.

다 봉지 씌우는 방법

과실을 봉지 중앙에 위치하도록 삽입한 다음 열매가지를 감싸면서 봉지 입구를 모으고 묶은 후 다시 접어놓으면 된다. 봉지 입구를 완전히 봉하지 않거나 열매가지에 밀착되지 않게 하면 병해충이 침입하기 쉬울 뿐만 아니라 바람에 의해 봉지가 이리저리 흔들려 낙과까지 초래하게 된다. 또한 봉지 씌우기 직전에는 약제 살포를 실시하는 것이 바람직하다.

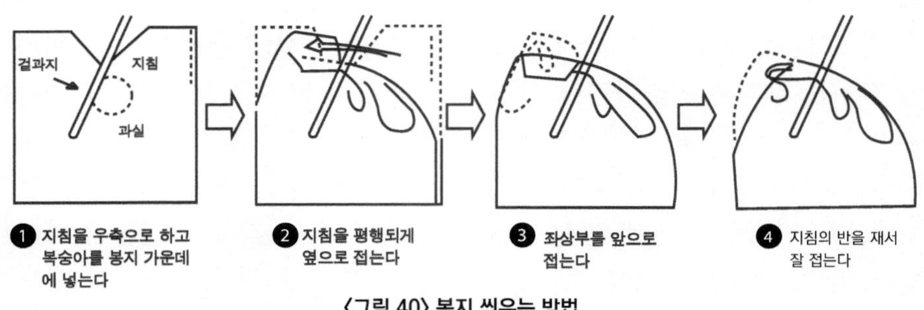

〈그림 40〉 봉지 씌우는 방법

라 봉지 벗기기

착색이 잘 된 과실은 소비자들의 호감을 끌기 때문에 수확 전에 봉지를 벗겨 전면 착색을 유도하여 품질을 향상시키는 것이 중요하다. 그러나 품종에 따라 봉지 벗기기 이후의 착색 정도 및 속도가 다르므로 착색이 잘 되는 품종은 3~4일 전, 중간 품종은 5~6일 전, 잘 안 되는 품종은 8~10일 전에 봉지를 벗기도록 한다. 반면 '미백도' 등은 봉지를 벗기지 않는 것이 외관이 수려하여 판매상 유리한 경우도 있다.

04 착색 관리

조생종은 6월 하순~7월 상순부터 수확이 시작되므로 착색에 유리한 조건을 만들어야 한다. ① 나무의 아래 또는 가운데의 처진 가지는 지주를 받쳐 들어 올려 주고 ② 새가지가 복잡하여 과실에 햇빛이 닿기 어려운 경우는 약하게 전정하여야 하며 ③ 세력이 강한 새가지는 순비틀기나 순지르기 등을 하고 ④ 세력이 강하고 엽수가 많아서 광 부족 현상이 우려되는 경우나 착색이 어려운 품종에서는 과실의 바탕색이 녹색에서 백녹색으로 변하는 시기에 과실 주변 잎을 따주며 ⑤ 착색 증진을 위하여 반사 필름을 나무 아래에 깔아준다. 반사 필름은 착색뿐만 아니라 당도 및 과실 무게 증대에 기여하며 역병 및 부패병 방지에도 효과가 있다.

05 무봉지 재배

관행적으로 이루어지고 있는 봉지 씌우기는 국제 경쟁 시대를 역행하는 기술이다. 경쟁력을 갖추기 위해서는 생산비를 낮추면서 고품질 과실을 생산하는 것이 중요하다.

무봉지 재배를 실시할 경우 병해충 방제를 위한 약제 살포 횟수는 많아지지만 그 이상의 경비가 절약될 수 있다. 또한 봉지를 씌우지 않은 복숭아가 봉지를 씌운 복숭아보다 맛이 우수하고 품질이 좋아지므로 고품질과 생산 측면에서도 더욱 유리하다. 그러나 무엇보다도 품종의 숙기나 병해충 저항성, 생리적 특성 등을 종합적으로 고려하여 무봉지 재배 여부를 판단하여야 할 것이다.

가 과실의 특징

무봉지 재배 과실은 봉지 재배 과실에 비하여 당도가 1~2% 높아질 뿐만 아니라 비타민 C 함량도 높아지며 과피가 두꺼워져 수송성이 증대된다. 또한 신맛이 다소 감소하는 경향이 있어 전반적으로 품질을 향상시킬 수 있다.

나 무봉지 재배가 가능한 품종

만생종은 병해충 발생이 높아지므로 무봉지 재배가 곤란하지만 조·중생종은 충분히 무봉지 재배가 가능하다. 다만 과육 색소 발현이 쉬운 품종 등에서는 무봉지 재배를 피하는 것이 좋다.

(1) 철저한 열매솎기

착색이 잘 될 수 있게 열매가지에 상향과가 착과되도록 한다. 원래 봉지 재배에서 상향과는 강풍이나 강우에 의해 낙과가 많은 것으로 알려져 있지만 무봉지 재배에서는 그렇지 않다. 그러나 결실 과다가 되지 않도록 수시로 열매솎기를 실시하여야 한다.

봉지 재배에서는 봉지 씌우기를 하면서 철저한 열매솎기가 이루어지지만 무봉지 재배는 과다 착과되기 쉬우므로 소과, 착색 불량, 숙기 지연 등 품질 나쁜 과실이 생산되기 쉽다. 또한 유과기 때 강풍을 맞으면 잎과의 마찰로 상처가 생겨 외관이 나쁜 과실이 생기기 쉽다.

최종 착과시킬 과실 수는 봉지 재배와 마찬가지로 장과지는 3~4과, 중과지는 1~2과, 단가지는 2~3가지에 1과를 착과시키는 것이 정상적이나 나무 세력의 강약, 나무 나이, 시비량, 지력, 품종 등을 충분히 고려하여 결실량을 조절한다.

(2) 철저한 병해충 방제

무봉지 재배는 생산비를 낮추고 품질을 향상시키는 등의 장점이 있지만 병해충의 감염 및 피해가 더욱 높아지게 되는데, 특히 검은별무늬병(흑성병)과 세균성구멍병 및 심식충류 방제를 철저히 해야 한다.

표40 열매가지상의 착과 위치별 착색 정도

착과 위치	착색 정도별 분포 비율(%)			
	계	우수	중	나쁨
상향과	100	78	93	7
하향과	100	24	39	37

제 IX 장
토양 관리 및 시비

1. 토양 생산력 요인
2. 토양 개량
3. 표토 관리
4. 토양 수분 관리
5. 비료 성분의 역할
6. 시비

01 토양 생산력 요인

복숭아나무의 원산지는 중국의 황하 상류에 위치하고 있는 해발 600~1,200m의 고원 지대이다. 때문에 건조에는 강한 편이나 내습성이 약하여 지하수위가 높거나 물 빠짐이 나쁜 토양에서는 생육이 나쁘다. 또한 토양 산도가 산성인 곳에 적응하여 pH 5.0 근처에서도 잘 자라지만 가장 적당한 pH는 6.0 정도이다. 생육에 좋은 토성은 양토이나 비료 흡수 능력이 강하여 척박한 토양에서도 비교적 생육이 왕성하여 유목에서 질소 과다가 나타난다.

표41 복숭아나무의 토양 적응성

토양 조건	토양 반응	내습성	내건성	토양 물리성	비료 요구도
물 빠짐 좋은 토양	산성에 강함 (pH 5.0~6.0)	약	강	산소 요구량 많음	흡비력 강함 질소 과다 주의

가 원산지와 내력

복숭아나무의 생산력은 토성, 토양 구조, 토양 경도 등과 같은 토양의 기본 성질에 따라 크게 달라지므로 1차적으로 토양의 물리·화학성을 개선하여 토양 구조를 나무의 생장에 알맞도록 만들어 주고 그 위에 결실 관리, 물 관리 등과 같은 재배 기술을 투입해야 기대하는 품질과 수량을 낼 수 있다.

(1) 토성

점토가 많은 진흙은 물을 간직하는 보수력과 비료를 간직하는 보비력이 크지만 통기성이 나쁘다. 반대로 모래가 많은 모래흙(沙土, 사토)은 보수 및 보비력은 매우 약하지만 통기성이 매우 좋다. 이와 같은 극단적인 토성에서는 나무의 생장이나 토양 중의 유용 미생물 활동이 억제된다. 토양의 생산력은 모래흙에서 참흙에 이르기까지 점토의 양이 증가함에 따라 커지지만, 일정한 범위를 넘어 식토가 되면 반대로 생산력이 떨어지는 경향이 있다.

토양의 생산력은 입자 크기나 조직, 구조뿐만 아니라 동식물 잔재가 부숙한 부식 함량 및 점토의 성질 등에 따라서도 달라진다. (표 42)를 보면 참흙 또는 사양토에서 복숭아의 생육이 가장 좋은 것을 알 수 있다. 점토가 많은 식양토는 물 빠짐이 좋지 않아 생육이 가장 나쁜 것으로 나타났다. 모래와 점토가 적당한 비율로 혼합되어 있고 어느 정도 유기물이 섞여 있는 양토나 사양토가 복숭아나무 생육에 가장 알맞다.

표42 토성별 복숭아나무의 생장

토양의 종류	토성(%)			새가지 생장량(cm)
	점토 함량	수분 함량	비모세 공극량	
식양토	43	25~34	0.07	311(87)
양토	34	20~30	1.50	353(99)
사양토	17	15~33	8.19	358(100)
사토	12	10~30	9.17	352(98)

* ( ) 내 숫자는 사양토 100에 대한 비율임

※ 자료: 小林章. 果樹의 榮養生理. p. 25

(2) 토양 경도

토양 경도는 토양의 단단한 정도를 말하며 뿌리의 신장과도 밀접한 관계가 있다. 야마나카(山中)식 경도계로 측정해서 18~20mm 전후일 때 가는 뿌리의 발달이 쉽지만, 24~25mm일 때는 심한 저해(沮害)를 받으며, 29mm 이상일 때는 뿌리가 전혀 자라지 못한다.

(3) 통기성

토양 속에 있는 뿌리도 잎과 줄기와 같이 호흡하면서 살아간다. 뿌리가 토양에 들어 있는 양분을 직접 흡수하는 것처럼 보이지만 사실 모든 양분은 토양 용액 속에 녹은 상태로 물과 함께 흡수된다. 따라서 뿌리가 낮은 농도에서 높은 농도로 양·수분을 흡수하기 위해서는 호흡작용으로 만들어진 에너지가 필요하고, 이 호흡을 위해 산소가 필요하다.

나 화학적 요인

복숭아나무의 생장이나 과실 생산에 영향을 주는 토양의 화학적 요인에는 토양 산도(pH), 양이온 치환 용량, 양분 함량, 염기 포화도 등이 있다. 복숭아를 재배할 때 알맞은 pH는 5.0 정도로 알려져 있으나 이는 견딜 수 있다는 것이지 알맞은 pH는 아니다.

표43 복숭아 과원 토양 가스 농도가 잎 내 무기 성분 함량에 미치는 영향

가스 농도(%)		새가지 생장량(cm)	질소 (N) (%)	인산 (P) (%)	칼륨 (K) (%)	칼슘 (Ca) (%)	마그네슘 (Mg) (%)
산소 (O_2)	이산화탄소 (CO_2)						
16.6	3.0	216(100)	2.80(100)	0.12(100)	1.84(100)	3.39(100)	0.44(100)
9.1	5.9	205(95)	2.32(83)	0.11(92)	1.43(78)	2.59(76)	0.29(66)
6.8	4.2	137(63)	2.77(99)	0.11(92)	1.74(95)	2.71(80)	0.20(45)
0.9	1.8	58(27)	2.58(92)	0.11(92)	1.09(59)	1.89(56)	0.21(48)

* ( ) 내 숫자는 100에 대한 비율임

※ 자료: 小林章. 果樹風土論. p. 90

따라서 비료 유효도 등을 고려하면 pH 5.8~6.0은 되어야 품질이 우수한 복숭아 생산이 가능하다. 특히 야산을 개발할 때는 pH가 낮기 때문에 반드시 석회를 주어 토양 산도를 교정하여야 한다.

토양 보비력은 대체로 모래 함량이 많거나 유기물이 적으면 낮고 점토 함량이 높거나 유기물 함량이 많은 토양에서는 높다. 그러므로 모래 함량이 많은 토양의 경우 40~50cm 정도까지는 유기물을 주어 보비력을 높여야 한다. 질소, 인산, 칼륨은 물론 칼슘, 마그네슘, 붕소도 부족하지 않도록 양적 균형을 이루어야 한다.

02 토양 개량

Growing Peaches

가 물리성 개량

복숭아나무는 사질이고 물 빠짐이 잘되는 경사지에 개원을 하기 때문에 하층토가 단단한 곳에서는 근군 분포가 얕아진다. 이때 깊이갈이를 하고 유기물을 주면 토양의 물리성이 개선되어 비료분 흡수가 증대되므로 나무가 잘 자라며 수량이 많아지고 과실의 품질도 좋아진다.

표44 깊이갈이가 토양 및 복숭아나무 생육에 미치는 영향

처리	토심 (60cm까지)		수체 중량 (g)	잎 내 무기 성분 함량(%)		
	공극율(%)	기상율(%)		N	P	K
대조	47~54	5~12	61.9	2.45	0.42	1.30
깊이갈이	52~56	6~16	91.6	2.52	0.23	2.30
깊이갈이+퇴비	56~57	11~18	141.7	2.74	0.31	3.05
조사일	4월 23일	10월 2일	10월 3일	10월 1일		

※ 자료: 小林章. 果樹의 榮養生理. p. 26

표45 퇴비 시용이 복숭아 수량 및 품질에 미치는 영향

처리	평균 과중(g)	당도(%)	산도(%)	수량(kg/10a)
퇴비구	192	10.7	0.20	1,062
무퇴비구	169	9.1	0.24	540

※ 자료: 원예연구소보고서. 1987. 과수편. p. 58

심토파쇄에 의한 물리성 개량 방법은 (그림 41)과 같으며 심토파쇄와 전층시비에 대한 효과는 (표 46)과 같다.

〈그림 41〉 폭기식 심토파쇄 장면

표46 심토파쇄 + 전층시비가 토양 화학성에 미치는 영향

토심(cm)	처리	산성도(pH1:5)	유기물(g/kg)	유효인산(mg/kg)	양이온 치환 용량(cmol/kg)	
					칼슘	마그네슘
30	심토파쇄+전층시비	6.3	21.3	657	5.9	3.2
	무처리+표층시비	6.5	21.8	605	5.6	3.1
50	심토파쇄+전층시비	6.3	17.7	515	5.8	3.1
	무처리+표층시비	6.5	16.3	414	4.7	2.7

* 석회(소석회) 400kg, 인산(용성인비) 30kg/ha 살포

※ 자료 : 2001년 농업생산현장 신기술투입 평가자료. 농촌진흥청. p. 20.

나 화학성 개량

토양 산도를 pH 6.0 정도로 교정하기 위해서는 석회 시용이 주된 방법이며 표층에 주는 것보다 전층에 주는 것이 효과를 높일 수 있다. 석회를 줄 때 골고루 살포하지 않으면 부분적으로 pH가 높아 미량원소 결핍증이 나타날 수도 있으므로 고루 퍼지도록 준다. 매년 석회만 주는 것보다 마그네슘 보충을 위하여 3년에 한 번씩 고토 석회를 주는 것이 좋다. 과수용 복비를 시용할 경우에는 그 속에 0.2~0.3%의 붕소가 함유되어 있으므로 따로 주지 않아도 된다. 만약 토양 검정을 하지 않고 붕소를 관행적으로 계속 사용하거나 2~3년마다 따로 주면 과다 증상이 나타날 수 있다.

(표 47)은 복숭아 과원의 토양 화학성을 나타낸 것으로, 모든 층위에서 pH가 낮았고 21~40cm 부위에서는 모든 양분이 적었다. 특히 석회 함량은 생리장해가 나타나지 않을 정도인 3.0cmol/kg을 약간 상회하는 낮은 함량을 보였다.

표47 주산단지 복숭아 과원의 토양 층위별 양분 함량

토양 깊이 (cm)	pH	유기물 (g/kg)	유효인산 (mg/kg)	치환성 양이온 (cmol/kg)		
				칼륨	석회	고토
0~20	5.4	20	357	0.60	3.5	0.8
21~40	5.0	14	80	0.37	2.2	0.6
41~60	5.0	9	27	0.21	1.9	0.8

※ 자료: 농촌진흥청 농업과학기술원. 1994. p. 374

03 표토 관리

복숭아 과수원에서의 표토 관리 방법은 청경, 초생, 멀칭법이 있으나 각각의 방법마다 장단점이 있어 어느 한 가지 방법만 고집하지 말고 두 가지 이상을 절충해서 사용하는 것이 좋다. 특히 우리나라의 복숭아 과원은 표토가 얕고 척박한 경사지에 위치한 곳이 많은데, 이러한 곳은 토양 유실을 억제하면서 토양의 건조를 완화할 수 있는 토양 관리를 실시하여야 한다.

(표 48)은 경사지 복숭아 과원에서 표토를 관리하는 방법에 따라 생육과 토양 유실량에 미치는 영향을 나타낸 것이다. 청경 재배는 토양 유실량이 많아 양분 용탈이 심하였으며 초생 재배는 토양 유실량은 적으나 풀과 양분의 경합이 생겨 나무 생육이 나빴다. 따라서 유목기에는 열간 사이의 초생, 수관 아래에는 멀칭 또는 청경을 하는 것이 좋다. 옛날에는 멀칭 재료가 볏짚이었으나 최근에는 보온덮개, PP 필름 등 인공재료가 활용되고 있는데 제초 효과는 물론 물방울도 튀기지 않아 나무 밑부분에 달려 있는 과실의 역병 등의 발생을 억제하는 효과가 있다. 한편 종류 간 과실 특성에는 차이가 적었다(표 49).

복숭아 과원의 재배 방법이 생육과 품질에 미치는 영향을 알아보기 위해 '사자조생'과 '백봉' 모두 호밀을 부분 초생했을 때 둘 다 생육과 수량이 좋아졌으나 당도에서는 차이가 없었다.

표48 경사지 복숭아 과원 표토 관리가 생육과 유실량에 미치는 영향

구분	부위	짚멀칭	청경	초생
나무 생장량 (g/주)	지하부	458.0	206.0	98.0
	지상부	386.4	194.1	97.5
	계	844.4 (211)	400.1 (100)	195.5 (49)
유실량 (kg/10a)	물	41.3	636.5	48.0
	토양	1,625	68,500	1,400

* 오차드그라스 초생, 복숭아 실생
* ( ) 내 숫자는 청경 재배 시의 나무 생장량 계 100에 대한 비율임

※ 자료: 小林章. 果樹의 榮養生理. p.133

표49 피복 재배 방법이 과실 특성에 미치는 영향

멀칭 재료	경도 (g/Ø5mm)	산도 (%)	당도 (°Bx)	과중 (g)
검은색 PP	307	0.43	10.2	280.4
보온덮개	211	0.38	11.0	279.5
볏짚	262	0.41	10.7	281.4
무처리(초생)	195	0.31	11.1	279.5

※ 자료: 한국원예학회지. 2001. p. 199

04 토양 수분 관리

가 습해 및 물 빠짐

복숭아는 내습성이 약하고 지표면에 뿌리가 많으므로 지하수위가 높거나 물 빠짐이 나빠 토양 내 산소가 부족해지면 새 뿌리가 상하기 쉽고 토양이 환원되어 칼륨, 마그네슘의 흡수가 억제된다.

일반적으로 복숭아 과원은 지하수위가 높아 문제가 되는 경우보다는 과원 자체의 물 빠짐이 나쁜 경우가 많다. 또 경사지, 즉 산자락을 끼고 있을 때 지하 물의 흐름이 복숭아 과원의 지상부로 표출되어 토양 수분 함량이 항상 많게 되는 경우가 종종 있다. 이런 경우는 우선 토양 자체의 물 빠짐이 좋도록 깊이갈이를 하고 속도랑을 만들어 주거나 심토파쇄를 하는 것이 필요하다. 또 과수원 안으로 흘려들어 오는 물줄기를 차단하고 보조적으로 물이 나오는 곳에 속도랑 또는 겉도랑을 설치한다. 속도랑 시설은 재식열을 따라 굴삭기로 약한 경사도를 갖도록 골을 판 다음 직경 200mm의 유공관을 폴리프로필렌 부직포로 두 번 정도 감아 묻는 것이 일반적이다.

같은 핵과류인 살구의 배수 방법별 효과를 살펴봤을 때(표 50) 토관, 즉 관을 매립했을 때 효과가 가장 좋은 것을 볼 수 있다. 이것은 묻은 관을 통해 물이 밖으로 빠져나갈 수 있기 때문이다.

〈그림 42〉 유공관을 이용한 속도랑 물 빠짐 시설

표50 속도랑 배수 방법별 효과(살구)

처리	원줄기 비대량 (cm)	과실 무게 (g)	당도 (°Bx)	수량 (kg/주당)
토관 + 자갈 매립	28.9	67.1	8.1	3.13
자갈 매립	28.4	63.0	8.5	2.53
겉도랑 30cm	27.8	63.3	8.4	2.63
무처리	26.9	67.0	8.4	2.43

※ 자료: 원예시험장보고서. 1979. p. 352

나 관수

우리나라 기후 여건상 물 주기는 필수적이나 많은 사람들이 복숭아나무는 수분을 싫어하고 물이 없어도 잘 견딘다고 생각하기 때문에 관수는 중요시되지 않고 있다. (표 51)은 관수가 복숭아 과실 및 나무 생육에 미치는 영향을 나타내고 있다.

표51 관수가 복숭아 과실 및 새가지 생장에 미치는 영향

처리	과실 등급					새가지 생장량 (cm)
	51~57mm	57~64mm	64~70mm	70mm 이상	계	
관수	4.2 (5)	25.3 (30)	42.2 (50)	12.7 (15)	84.4 (100)	36.6
무관수	36.2 (60)	21.1 (35)	3.0 (5)	0 (0)	60.3 (100)	25.1

※ 자료: Feldstein. Proc. Amer. Soc. Hort. Sci. 69:126

토양이 건조하기 쉬운 4~6월에 관수를 하면 새가지 및 과실의 초기 생육과 비료의 초기 흡수를 돕는다. 또한 성숙기 때 관수를 자주 하면 과실 비대는 좋아지지만 당도가 낮아지며, 관수를 하지 않다가 한꺼번에 많은 양의 물을 관수하면 열과될 우려도 있다. 따라서 정기적으로 관수하는 것이 유리하며 일단 관수를 시작한 과원은 중단하지 않고 일정한 간격으로 여러 차례로 나누어 해야 한다. 한편 복숭아 수확기에 비가 잦으면 당도가 떨어지게 되는데, 이는 토양 수분의 과다보다는 일조 부족이 주원인인 것으로 보고되어 있다.

(1) 관수 시 유의사항

수확기까지 관수를 하면 당도가 떨어질 우려가 있으므로 수확 2~3주 전에 관수를 중지해야 한다. 관수를 하면 토양 내 양분의 유효도가 높아져 비료분의 흡수가 많아지며 특히 질소 과다가 발생할 수 있다. 최근에는 토양 수분 감응형 자동관수 시스템을 이용하여 관수 효율을 올리고 있다. 관수 방법별 장단점은 (표 52)와 같다.

표52 관수 방법의 장·단점

구분	표면관수	살수법	점적관수
장점	·시설비 저렴 ·관리가 편함	·관수량이 적음 (15t/시간/10a) ·경사지 설치 가능 ·관수 노력 불필요	·관수량이 매우 적음 (900L/시간/10a) ·토양 물리성 나빠짐을 방지 ·관비장치 설치 가능 ·경사지 설치 가능
단점	·관수량 많이 필요 ·노력이 많이 듦 ·토양 유실 많음 ·경사지 설치 불가 ·습해 우려 있음	·시설비 비쌈 ·토양 물리성 나쁨 ·병해 발생 부추김 ·토양 유실 있음	·시설비 비쌈 ·여과장치 필요

(2) 토양 수분 센서를 이용한 관수

(그림 43)에서와 같이 토양 수분 센서를 적정 토양 수분 범위로 설정하면 토양 수분의 변화에 따라 전기적인 신호가 솔레노이드 밸브를 열고 닫는 과정을 반복하게 된다. 수분 센서는 뿌리가 가장 많이 분포하고 있는 지표로부터 20~30cm에 설치하면 된다. 토양 수분 센서는 전기적 신호를 이용한 것과 텐시오미터를 이용하는 것 2가지 유형이 있다. 가격은 텐시오미터가 싸지만 관리가 불편하고, 티디알(TDR, Time Domain Reflectometry) 방식의 것은 가격은 비싸나 다루기가 쉽다.

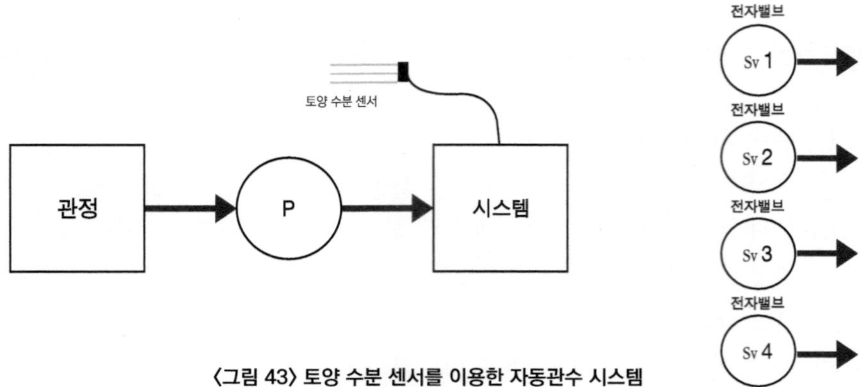

〈그림 43〉 토양 수분 센서를 이용한 자동관수 시스템

05 비료 성분의 역할

복숭아 생육에 필수적인 원소는 16개이며 이들 원소는 토양 중에 존재한다. 그러나 성분에 따라 과잉 집적되어 있는 경우와 부족한 경우가 있어 시비 관리가 필요하다. 따라서 각각 양분의 작용과 과실 품질에 미치는 영향을 알고 대처하는 것이 중요하다.

가 질소

(1) 토양 내 질소

토양 중 질소 형태는 유기태 질소와 무기태 질소가 있다. 그러나 비료를 주지 않은 상태에서 무기태 질소의 비율은 매우 적은 1~3%에 지나지 않으며, 대부분이 유기태 질소의 형태로 존재한다.

유기태 질소는 토양 유기물에 함유되어 있는 질소로서 동식물과 미생물의 유체로부터 공급된 것이다. 토양 중에서 중요한 것은 미생물의 작용으로 분해되어 변형된 것으로 유기태 질소는 분해가 비교적 덜 된 거친 것부터 분해에 저항성이 큰 암갈색의 콜로이드성 물질(부식)에 이르기까지 다양하다.

가. 토양 유기물의 무기화

토양 유기물은 토양 미생물에 의해서 분해되어 무기태 질소로 변형되는데 이를 무기화라고 한다. 즉 유기물 중 복합 단백질의 일부는 무기화되고 암모니아태 질소(NH_4-N)로 되어 호기적 조건에서는 다시 질산태 질소(NO_3-N)로 변형되어 작물에 이용된다. 그러나 무기화된 질소의 일부는 미생물체에 고정되었다가(미생물의 단백질화) 다시 미생물이 사멸된 후 분해되어 이용된다. 연간 무기화되어 토양에 방출되는 질소량은 토양 유기물을 2%로 가정하면 10a당 30cm 깊이까지 유기물이 7,200kg이 된다. 이 중 1~3%인 72~222kg이 무기화되는데, 유기물의 질소 함량을 평균 5%로 계산하면 무기화되는 질소량은 3.6~11.1kg이 된다.

이 과정에서 생성된 암모늄(NH_4^+)의 일부는 점토나 부식 입자에 흡착되기도 하나 밭 상태에서는 대부분이 빠른 속도로 1~2일 내에 질산염(NO_3)으로 산화되어 식물에 이용된다. 질산태 질소는 음이온으로서 음전하를 띤 점토나 부식의 콜로이드에 흡착되지 못하므로 큰 비가 내리면 쉽게 용탈되는 성질을 지닌다. 그러나 유기태 질소의 대부분은 일반적으로 분해되기 어려운 것이어서 연간 1~3% 범위 내에서 무기화될 뿐이다. 그 이유는 유기태 질소 중에 있는 약 50%의 단백질 질소가 점토나 철, 알루미늄 등의 무기 성분 또는 리그닌과 결합하여 안정된 복합체를 형성하고 있기 때문이다. 그러나 무기화된 질소가 모두 식물에 이용되는 것이 아니고 일부는 미생물에 이용된다. 또 일부 암모니아태 질소는 토양에 흡착되고 질산태 질소로 변화된 질소의 일부는 용탈이나 휘발에 의하여 손실된다.

(2) 흡수와 이동

식물이 흡수하는 질소는 대부분이 질산태 질소와 암모니아태 질소이나 과수원에서는 많은 양이 질산염으로 흡수·이용된다. 흡수된 질산염은 뿌리 또는 잎에서 생성되는 질산 환원 효소에 의해 암모늄(NH_4^+)으로 환원되어 아미노산, 단백질, 생장호르몬 합성에 이용된다. 암모늄으로 식물체에 축적되면 생육 및 발육에 해독 작용을 하나, 과잉으로 흡수하게 되면 식물체 내에서 아마이드와 같은 질소 저장 화합물을 형성하여 저장하게 된다. 대부분의 과수는 이 두 형태의 질소를 적당한 비율로 흡수했을 때 생육이 촉진되는데 사과, 복숭아에서 조사한 결과 질산태 질소와 암모니아태 질소의 비율을 1:1이나 3:1로 흡수했을 경우 생육이 왕성하였다.

암모늄이 식물 조직에 적은 양으로 존재할 때에는 유기산과의 결합으로 아미노산을 만들고 단백질을 형성하여 세포 증식에 쓰여진다. 그러나 계속적으로 공급되는 상태가 되면 세포액 중에 암모늄 이온 형태로 축적될 수 없기 때문에 저장형의 아마이드(Amide)와 같은 유기 화합물이 많아져 과일의 기호성, 풍미, 품질 등이 떨어진다.

(3) 결핍과 과다

가. 결핍

질소가 부족하면 생장 속도가 매우 빈약해져 식물체는 작은 상태로 머물며 늙은 잎이 성숙되기 전에 떨어진다. 그와 함께 잎의 생장 속도가 떨어져 잎 면적 지수가 30% 정도 낮아진다. 또한 나무 생장량이 감소하고 개화가 되더라도 저장양분이 부족하여 결실률이 낮으며 과실의 발육도 나빠져 수량이 현저히 감소한다. 뿌리의 생장도 빈약하고 분지가 좋지 못하며 뿌리와 새가지 비율이 증가된다. 한편 잎의 질소 결핍 현상은 엽록체의 발달이 정상으로 되지 않아 대개 전체의 잎은 황화 현상(Chlorosis)을 나타내며, 정도가 심하거나 시간이 경과됨에 따라 잎 전체에 백화 현상이 나타난다.

나. 과다

과수에 질소를 과다 시용하면 동화 양분의 대부분이 가지와 잎의 생장에 소비되어 식물체가 웃자라고 꽃눈 형성이 나빠지며 과실의 품질이 떨어진다. 또한 동화 물질이 과실에 축적되지 못하면 과피색이 푸른색을 띠거나 숙기가 늦어져 당 함량이 낮아진다.

나 인산

(1) 토양 중 인산

인산(P)은 인회석(자연산 광물)이 풍화된 다음 인산 이온이 유리(遊離)되어 토양에 흡착되거나 부식 중에 고정된다. 인산광물의 풍화 및 인산 시비를 통해서 토양 중에 유리된 인산 이온은 토양 산도의 영향을 받아 여러 형태의 다양한 인산 화합물을 이루어 고정되기도 한다.

광물 토양 중에는 0.01~0.1%의 인산이 저장되어 있는데 이는 P=300~3,000kg/ha가 토양 20cm 깊이까지 함유되어 있다는 뜻이며 유기물이 많은 토양에는 인산이 0.2% 함유되어 있다는 뜻이다. 무기 형태의 인산 함량은 총 인산 함량의 40~80%, 유기 형태의 경우는 20~60%가 함유되어 있으며 대부분 피틴(Phytin) 유기체 형태로 있어 일단 분해된 후에 식물이 이용할 수 있게 된다.

토양용액 중 유효태 인산 함량 중에서 치환성 인산은 10~30mg/kg 정도이나 변화 폭이 크며 수용성 인산은 0.02~1.0mg/kg 정도이다. 유효태 인산은 무기광물의 분해기작 또는 유기물 중에 함유된 인산이 미생물(생물학적) 분해에 의하여 유리되어 유효태가 된다. 특히 약산성의 습윤한 토양과 유기물 시용 후에 이러한 경향이 높다. 무기 인산 화합물은 가는 결정체 그리고 세립형일수록 쉽게 용해되는데, 이는 인산의 원활한 식물체 공급을 위한 중요한 조건이 된다.

인산은 우리나라의 신개간지 과수원에서 철(Fe) 부식(腐植) 중에 고정되거나 세균 등에 의한 탈취고정이 일어나기도 한다. 특히 화산

회토의 점토는 대부분 수산화알루미늄($Al(OH)_3$) 또는 수산화제2철($Fe(OH)_3$)의 기본 단위가 불규칙하고 약하게 결합되어 있는 무정형 점토광물(Allophane)이어서 인산 고정력이 높다. 인산질 비료 및 인산 성분이 많이 포함하고 있는 축분 퇴구비를 과잉 시용하면 철, 아연, 구리 결핍을 유발할 수 있다.

(2) 흡수와 이동

뿌리의 인산 흡수는 수소인산이온($H_2PO_4^-$, HPO_4^{2-}) 형태로 이루어지기 때문에 토양 중의 인산 농도가 매우 낮아도 흡수할 수 있다. 토양 내 인산 농도는 뿌리와 물관부 수액의 0.001~0.01에 지나지 않는다. 따라서 식물이 인산을 능동적으로 흡수하기 위해 대사 활동을 왕성히 하면 흡수가 증가된다.

인산은 pH 6.0 정도에서 흡수가 잘 되며 새가지나 열매로의 마그네슘 이동에 도움을 준다. 식물 세포에 흡수된 인산은 급속히 대사 과정에 이용되는데 흡수 후 10분 이내에 인산염의 80%가 여러 유기 화합물로 전환된다고 한다. 식물체 안에서 인산의 이동성이 매우 커 아래 또는 위 방향으로 전류되는데 위 방향 이동은 주로 물관부, 아래 방향 이동은 체관부를 통해서 일어난다.

(3) 결핍과 과다

인산이 결핍되면 새가지나 잔뿌리의 생장이 억제된다. 결핍 증상은 오래된 잎부터 발생하고 곡류일 경우 열매에서 나타나는데 야산을 새로 개간한 과수원에서 나타날 수 있다. 인산이 부족하면 복숭아는 잎이 청동색으로 변하고 잎 폭이 좁아지며 잎 길이가 길어진다. 가을에 엽병이나 잎 뒷면의 잎맥이 적색을 띠는데 이는 안토시아닌 형성이 촉진되기 때문이다. 인산이 부족하면 마그네슘의 흡수도 저해된다.

인산 과잉은 잘 나타나지 않으나 보통 과실의 성숙이 지나치게 빨라지거나 철, 아연, 구리 흡수를 방해한다. 인산이 결핍되면 응급조치로 인산칼슘을 0.5~1.0% 엽면살포하고 토양에 유기물과 석회를 전층 시용하여 토양 산도를 pH 6.0 정도로 교정한다.

다 칼륨(K)

(1) 흡수와 이동

칼륨(K)은 뿌리 세포가 능동적 흡수를 하기 때문에 흡수율이 높다. 식물체 내에서의 이동성이 높고 분열 조직 쪽으로 이동되며 늙은 기관에서 어린 조직으로 재분배되는 현상이 일어난다. 칼륨이 어린 분열 조직으로 이동하는 것은 단백질 합성, 생장률, 시토키닌(Cytokinin) 공급 등과 관련이 있다는 보고도 있다. 식물체 내의 칼륨은 대부분 영양생장기에 흡수되며 과실이 자람에 따라 과실 내로 많이 이동된다. 흡수된 칼륨은 세포질에 50% 이상이 유리 상태로 있으며, 특히 체관부 수액 내 전체 양이온 중 약 80%를 칼륨이 차지하고 있어 장거리 이동도 자유롭다. 체관부 수액을 공급받는 기관인 어린잎, 분열 조직, 과육에 많이 존재한다.

(2) 결핍과 과다

칼륨이 결핍되면 식물의 생장과 물질 생성 기능이 떨어지고 탄수화물의 감소와 더불어 환경 적응성이 약화되며, 도복이 되기 쉽다. 아마이드(Amide)의 상대적 증가로 단백질의 함량이 떨어져 과실의 풍미와 저장성이 나빠지고 세포 팽압이 떨어지며 증산과 호흡이 왕성해져 가뭄과 냉해 피해가 커진다. 이는 칼륨에 수분 절약과 빙점 강하를 유도하는 기능이 있기 때문이다. 또한 생장이 쇠퇴하며 선단의 잎이 약간 위축되고 늙은 잎의 가장자리가 탄다. 과실이 비대할 때 잎 색이 담록색이 되고 황반이 생겨 엽신에서부터 마르기 시작한다. 잎이 안쪽으로 말리며 중륵이 적색 또는 자색으로 되어 돌출한다.

칼륨 부족 시 응급조치로는 황산칼륨(K_2SO_4) 또는 제1인산칼륨(KH_2PO_4)를 0.5~1.0% 살포하고 칼륨질 비료를 몇 차례 나누어 주며 용탈에 대비하여 유기물을 주어 보비력을 높이는 방법이 있다. 한편 칼륨이 과다하면 칼슘과 마그네슘 부족이 잘 나타난다.

라 칼슘(Ca)

(1) 토양으로부터 칼슘의 흡수

뿌리로의 칼슘 흡수는 근계 그 자체와 그 주위의 환경에 의해 영향을 받는다. 근계의 총량, 뿌리 밀도, 지상부와 관련된 생장과 활성의 주기성, 뿌리 분포 등이 토양 용액으로부터의 칼슘 흡수에 전적으로 영향을 준다.

토양 용액 내의 칼슘 이온은 증산류(식물체 내에서 증산작용에 의한 물의 상승 흐름)에 영향을 받은 토양 용액의 집단류와 칼슘 이온의 고농도에서 저농도 쪽으로의 확산에 의해 뿌리 표면에 칼슘 이온이 접촉하게 된다. 뿌리가 접하고 있는 토양 용액 중의 다른 무기 성분의 농도가 적당하다면 토양 내 칼슘의 적정 농도 범위는 5~40mg/kg이다.

식물체의 칼슘 흡수에 있어서는 토양 용액 중 칼슘의 절대적 농도보다 다른 무기염류와의 비례 농도가 더 중요하다. 예를 들면 암모늄 이온이 칼슘 흡수를 가장 저해하고 그다음은 칼륨, 마그네슘, 나트륨 이온 순이다. 질산, 인산과 같은 음이온은 칼슘 흡수를 촉진시키기도 한다.

토양 용액 중 칼슘 이온이 뿌리 표면에 도달되면 확산 그리고 자유 공간(Free Space, 뿌리 세포들 사이의 빈 공간으로 수동적 흡수에 의해 외부 용액과 쉽게 염류 평형을 이룸) 내의 이온 교환 또는 이들의 복합작용에 의해 뿌리의 피층으로 이동된다. 이 피층으로부터 중심주와 목부 물관으로의 이동은 내피의 코르크화된 카스파리선(Casparian Strip)에 의해 억제된다. 따라서 코르크화되지 않은 가는 곁뿌리나 뿌리 끝을 통해 흡수·이동되고, 중심주에 이르면 물관을 통하여 이동된다.

(2) 이동과 과실 내 축적

뿌리로부터 흡수된 칼슘이 뿌리 목질부 물관까지 이동되면 원줄기와 연결된 물관을 통하여 가지, 잎, 과실로 이동한다. 그 도중에 물관 벽에 존재하는 음이온으로 전하를 띤 부분에 흡착되고 이것이 다시 다른 양이온(또 다른 칼슘 이온이나 2가 또는 3가의 양이온)과 치환되어 상승한다. 따라서 칼슘은 물관을 따라 상승되는 물과 함께 곧바로 다른 기관(잎, 가지, 과실)으로 이동되는 것이 아니고 물관 벽에 흡착되었다가 떨어져 나와 상승하다가 또 흡착되기도 하고 다시 떨어져 나와 상승하게 되므로 이동이 빠르지 못하다. 식물체 내 특히 물관 내에 칼슘 이외의 2가 양이온(Mg 등), 킬레이트 화합물(EDTA 화합물 등) 또는 사과산, 구연산 등이 많이 존재할 때 칼슘 이동은 촉진되고 최종 목적지에 도달하는 양이 증가된다. 뿌리로부터 칼슘 상승이동은 어린 사과나무 실생에서는 비교적 느리게 나타나 30cm 이동하는 데 3일이 소요되었다는 시험 결과가 있고 또 다른 시험에서는 70~80cm 상승하는 데 14일이 소요되었다고 한다.

과실로의 칼슘 이동은 체관부를 통하여 이루어진다. 일단 과실 내에 들어올 때는 목질부 물관 이동으로 바뀌게 되는데 그 전환 지점이 나중에 탈리층으로 될 부분인 열매자루가 수피에 붙어 있는 부분이라는 학설도 있지만 과실로의 이동은 목질부 물관과 체관부 모두에서 이루어진다는 시험 결과도 있다.

어린 과실에서의 칼슘 이동은 목질부 물관을 통해 전류되는데 이 시기의 과실은 부피에 비해 표면적이 상대적으로 넓고 증산율이 높다. 광합성 작용(과실 표피에 엽록소가 있어 광합성을 함)이 활발하며 과실 자체의 물 요구량이 많게 되고 광합성 산물(탄수화물)의 요구량이 적어져 목질부 물관을 통하여 물과 칼슘을 공급받는다. 반면에 과실이 커지면 증산과 광합성은 감소되고, 과실 부피에 비해 표면적은 상대적으로 적어져 물 요구도는 적어지며, 탄수화물의 요구도가 커져 잎으로부터 탄수화물을 더 많이 공급받아야 한다.

따라서 물의 주된 통로는 체관부로 바뀌는데 이 체관부는 칼슘 이동이 쉽지 않은 곳이다. 그러므로 과실의 비대가 계속되어도 체관부를 통한 칼슘 흡수가 크게 억제되어 과실 비대와 보조를 맞추지 못하고, 과실 내 칼슘 농도가 점점 희석되어 간다. 앞에서 설명한 바와 같이 가뭄장해를 받고 있는 경우 과실이 착과한 후 몇 주 동안은 칼슘 흡수가 빠르고 그 후 7월 중순경까지 점차 감소되다가 그 이후에는 거의 일어나지 않는다. 따라서 이 경우에는 초기 6주에 총 칼슘의 90%가 축적되고 그 이후에는 매우 적게 축적된다.

그러나 정상적인 토양 조건에서는 과실 내 칼슘 함량은 계속해서 뚜렷하게 증가되므로 토양 내 수분의 적당한 공급(관수)과 석회 시용은 필수적이다. 생육 하반기에 과실로의 칼슘 이동은 정상적인 조건에서는 과실이 주로 비대되는 야간에 이루어진다. 맑고 더운 낮 동안에는 잎에서의 증산으로 소모된 수분을 뿌리로부터 흡수된 물로 충족시키지 못하여 과실로부터 물과 칼슘을 빼앗을 수도 있다. 낮 동안에는 과실 내 칼슘이 빠져나가고 밤에는 잎으로부터 광합성 산물을 물과 함께 공급받게 되어 비대하기 때문에 체관부를 통한 칼슘 이동이 이루어진다. 이와 같이 낮 동안의 유출과 밤 동안의 유입이 교차되는데 만일 수분 부족으로 과실 내 수분의 유출이 유입보다 많게 되면 칼슘 수준은 감소한다.

(3) 결핍

칼슘은 이동성이 나쁜 원소이기 때문에 흡수량이 적으면 잎의 선단이 황백색이 되고 신장이 정지되며 차차 갈색으로 변해 주변이 말라 죽는다. 칼슘은 세포벽 구성 물질로서 부족하면 세포벽이 쉽게 붕괴된다. 따라서 과실이 분질화되기 쉬워 저장력이 떨어진다. 칼슘이 많으면 세포막의 투과성이 감소되어 세포의 물질 누출을 감소시킨다.

응급대책으로 염화칼슘($CaCl_2$) 0.4% 용액을 4~5회 살포하거나 충분한 관수와 석회를 퇴비와 함께 전층시비하고 질소, 칼륨의 시용을 줄인다.

마 마그네슘(苦土, Mg)

(1) 마그네슘의 이동

흡수된 마그네슘 이온(Mg^{2+})은 50%가 세포액 중에 유리 상태로 있고 식물체 내에서의 이동은 칼슘 이동과 마찬가지로 증산류를 타고 위쪽으로 이동하지만 체관부에서의 이동성은 좋은 편이다. 칼륨은 과실과 저장 조직 쪽으로의 마그네슘 이동을 돕는다.

(2) 결핍

마그네슘이 결핍되면 늙은 잎의 엽록소가 파괴되어 황백화된다. 또 마그네슘은 새 잎으로 이행해 가기 때문에 엽록소의 함량은 줄어들고, 작물의 생장은 억제되며, 특히 당이 줄어 품질이 떨어진다. 잎맥 사이의 녹색이 없어져도 잎맥은 그대로 녹색을 띠어 선명하게 보이나 차차 잎맥 조직이 말라 죽는다. 응급조치로 황산마그네슘 1~2%를 4~5회 살포하고, 장기적으로는 칼륨질 비료를 줄이고 고토석회나 마그네슘 비료를 시용한다.

바 붕소(硼素, B)

(1) 토양 내 붕소

붕소는 비금속으로 모든 광물질 양분원소 중 가장 가벼운 원소로 토양 및 식물체에 3가 형태의 화합물로 존재한다. 붕산(H_3BO_3), 음이온 ($H_2BO_3^-$ 또는 HBO_3^{2-}), 수용성의 붕산염 형태로 존재한다. 3~4% 붕소를 함유한 전기석, 붕소를 부성분으로 함유하는 일부 광물 및 2차 붕소광물(Cuborate 등) 등이 풍화작용으로 붕산염 또는 붕산으로 유리된다. 일부 소량은 토양 용액 또는 토양에 흡착되어 있고 대부분은 다시 2차 광물로 침전된다. 염류토에서는 수용성 붕산염으로 많이 존재한다. 붕소의 분별 함량을 보면 토양 중 총 함량이 B=5~10ppm(대부분 무기광물에 저장)이며 조립질 토양보다 세립질 토양에 많다. 유기질 중 저장량은 상대적으로 적기 때문에 유기질 토양에서는 붕소 함량이 낮다.

붕소의 유효태 함량을 보면 치환성 붕산염은 0.1~2.0ppm이나 결합체 또는 일부 착염 형성 때문에 상대적으로 판정하기가 어렵다. 수용성 붕산염은 토양 중 0.1~1.0ppm인데 이는 식물이 이용할 수 있는 붕소의 기준이 되고 있다.

식물에 대한 붕소 유효도는 토양 산도, 토성, 토양 수분, 식물체 중의 칼슘 함량 등에 의해서 영향을 받는다. (그림 44)에서와 같이 식물의 붕소 흡수는 토양 pH의 증가와 더불어 감소되는데, 수용성 붕소 함량이 동일하더라도 pH가 높은 경우에 흡수량은 감소된다. 따라서 석회를 과다 시용할 경우 난용성 붕산염을 형성하여 침전되기 때문에 붕소 결핍이 발생할 수 있다. 조립질이며 물 빠짐이 좋은 사질토양은 점토 함량이 매우 낮아 식물의 붕소 결핍 가능성이 매우 크다.

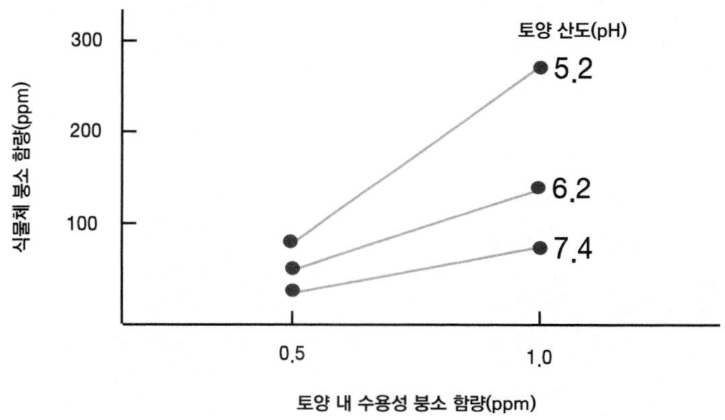

〈그림 44〉 식물체의 붕소 흡수에 미치는 토양 산도(pH)의 영향

(그림 45)에서와 같이 수용성 붕소 함량이 세립질 토양과 동일한 때 식물체의 붕소 흡수량은 사질양토에서 더 많아진다. 즉 사질양토는 토양 용액 중 붕소 함량이 더 높기 때문에 일정 수준의 붕소 함량이 들어 있는 경우는 모래땅에서 붕소 해독의 가능성도 높아질 수 있다는 것을 시사하는 것으로 붕소 시용량 결정을 위한 토양 검정에 있어서는 토성에 주의하여야 한다.

비가 오지 않고 건조한 기간이 지속되면 붕소 결핍은 더 많이 발생하는데, 그 이유는 건조하면 세균의 활성이 떨어져 유기물 분해가 이루어지지 않아 붕소의 방출이 적어지기 때문이다. 또 토양이 건조하면 붕소의 고정량이 증가하고 토양 중 붕소의 이동이 제한되어 부족 현상이 초래되기 쉽다. 이와 같이 붕소 결핍은 과도한 용탈(특히 모래땅)과 과량의 석회 시용, 극도로 건조한 기후 조건에서 발생하기 쉽다.

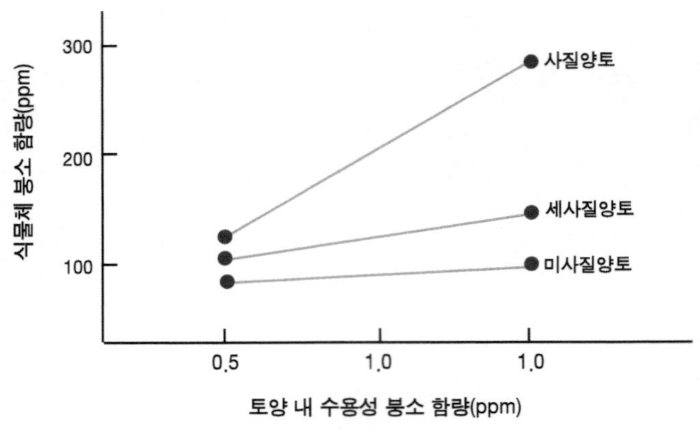

〈그림 45〉 식물체의 붕소 흡수에 미치는 토성의 영향

칼슘 함량이 높은 식물체일수록 더 많은 붕소를 요구하는데 그 이유는 칼슘에 의해 붕소 이동이 제한을 받기 때문이다. 흡수한 붕소의 대부분은 세포막의 구성체로 칼슘과 함께 결합되어 있어 붕소는 체내에서도 이동이 어려운 성분 중의 하나이다.

(2) 결핍과 과다

가. 결핍

전형적인 붕소 결핍 증상은 정단 분열 조직의 발육이 중지되고, 새 가지 선단이 말라 죽으며, 그 아래에 있는 약한 가지가 총생하는 것이다. 또 잎 전체가 황화되며 경우에 따라서는 조기낙엽이 된다. 복숭아나무에서는 1~2년생 가지의 발아가 나빠지고, 그 부위의 수피에는 돌기가 생긴다. 또 잎이 작아지고 검게 변하여 말라 죽는다. 잎과 과실은 모두 기형이 되고 고무질 같은 과실이 된다.

붕소 결핍을 방지하기 위해서는 충분한 양의 유기물을 시용하여 토양의 완충능을 높이고 5~6월 가문 시기에는 관수하며 2~3년에 1회 정도 붕사를 10a당 2~3kg 살포해야 한다. 결핍 증상이 나타날 우려가 있을 경우에는 0.2~0.3%의 붕사 용액을 2회 정도 엽면살포하기도 한다.

나. 과다

붕소의 과다 증상은 80ppm 이상이면 나타나고 잎이 두꺼워지며 가지가 코르크화된다. 또한 마디 사이가 길어지고 줄기 선단이 말라 죽는다. 관수하는 물속의 붕소 농도가 1.5ppm만 되어도 과다 증상이 나타날 수 있다.

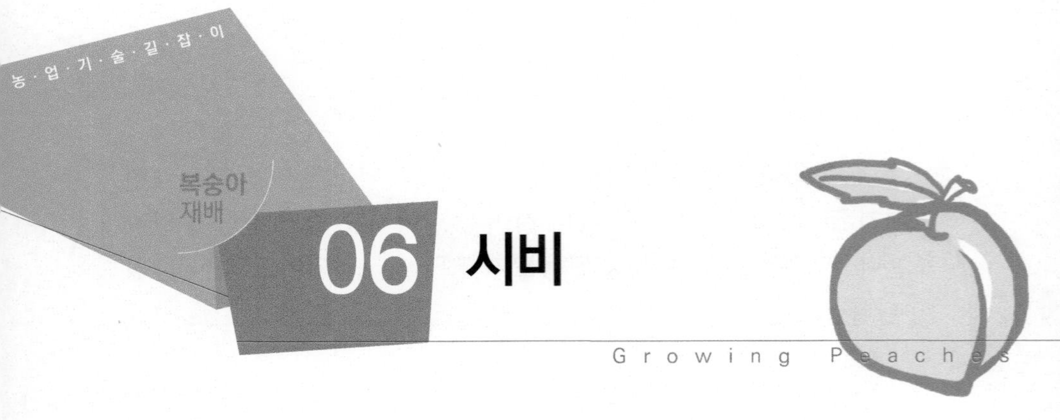

06 시비

가 비료요소의 흡수

(1) 시기별 흡수량

질소, 칼륨의 흡수량은 6월 중순 이후 급속히 증가하고 7월 7일(성숙기) 이후 더욱 급속히 증가하는 양상을 보인다(그림 46). 복숭아 잎의 질소 함량은 발아 후 날짜가 경과하면서 서서히 감소하다가 7월 9일 이후 빨리 감소한다(그림 47). 생육 정지기에 잎 내 질소 함량이 2.93~3.59%면 정상이고 2.27% 이하면 부족하며 4.25% 이상이면 과다이다. 인산과 칼륨은 서서히 감소하고 칼슘과 마그네슘은 점점 증가한다.

나 시비량

(1) 이론적 시비량

시비량은 작물이 흡수한 비료 성분 총량에서 천연적으로 공급된 성분량을 빼고, 그 나머지를 비료 성분의 흡수율로 나누어서 산출하는 것이 종래 방법이다.

$$\text{시비 성분량} = \frac{\text{작물의 흡수량} - \text{천연공급량}}{\text{비료요소의 흡수율}}$$

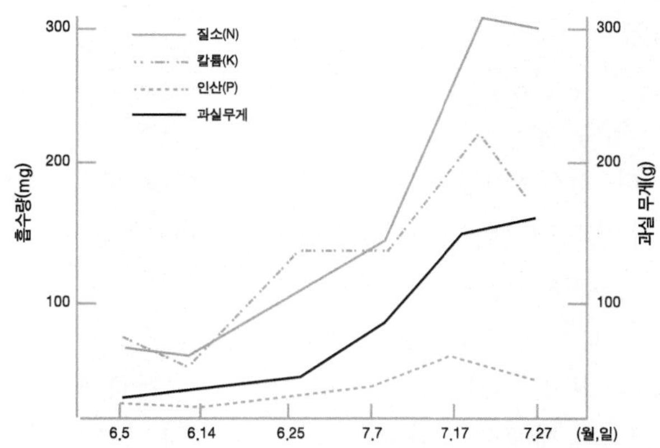

〈그림 46〉 복숭아 '백봉'의 과실 비대에 따른 비료 3요소의 흡수

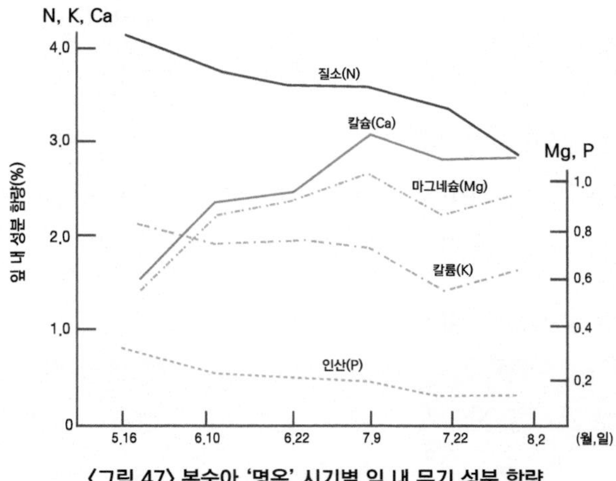

〈그림 47〉 복숭아 '명옥' 시기별 잎 내 무기 성분 함량

10a당 1,922kg을 생산하는 복숭아나무의 흡수량이 질소 8.92kg, 인산 3.67kg, 칼륨 14.28kg인 경우 시비할 비료 성분량을 계산해 보면 (표 53)과 같다.

표53 복숭아나무에 대한 시비량 계산

(단위: kg/10a)

구분	질소	인산	칼륨	비고
흡수량	8.92	3.67	14.28	10a당 수량 1,922kg의 경우
천연공급량	2.97	1.84	7.14	질소는 흡수량의 1/3, 인산·칼륨은 1/2
필요량	5.95	1.83	7.14	흡수량 – 천연공급량
시용량	11.90	6.04	17.85	질소는 필요량의 2배, 인산 3.3, 칼륨 2.5

(2) 표준 시비량

시비량에는 최고 수량을 생산하는 데 필요한 양과 경제적으로 이익이 가장 높은 시비량이 있다. 후자를 적정 시비량이라고 하며 이 양이 실제 시비해야 하는 시비량이다. 적정 시비량은 품종, 나무 세력, 수량, 토양 조건, 기상 조건 등 여러 요인에 따라 다르다. 적정 시비량을 결정하기 위해서는 미리 여러 차례의 비료시험을 해야 한다.

그러나 과수에 대한 비료시험은 방대한 면적을 필요로 할 뿐만 아니라 오랜 시간이 걸리고 장해 요인이 많아 사실상 매우 어렵다. 때문에 많지 않은 비료시험 결과와 재배자의 체험을 가지고 나무의 영양 상태와 결실 상태를 감안하여 시비량을 결정하는 것이 지금까지의 방법이었다. 그러나 과수원마다 상태가 너무 다르기 때문에 토양 검정의 결과에 의하여 시비가 되어야 한다.

(3) 토양 검정에 의한 시비량

토양 검정에 의한 시비는 과수원의 비옥도 수준을 정확히 판단할 수 있어 적정 시비량을 산정할 수 있다.

표54 토양 유기물 함량에 따른 질소 성분의 시비량

(단위: kg/10a)

수령 (년)	유기물 함량(g/kg)		
	15 이하	16~25	26 이상
1~2	2.5	2.0	1.5
3~4	6.5	4.0	3.0
5~9	11.0	9.0	7.0
11 이상	18.0	15.5	13.0

※ 자료: 작물별 시비처방 기준. 1999. p. 111.

표55 토양 내 유효인산에 따른 인산 시비량

(단위: kg/10a)

수령 (년)	유효인산 함량(mg/kg)			
	200 이하	201~400	401~600	601 이상
1~2	1.5	1.0	1.0	1.0
3~4	3.0	2.5	2.0	2.0
5~10	6.0	5.0	4.0	3.0
11 이상	10.0	8.5	7.0	3.0

표56 토양 내 치환성 칼륨 함량에 따른 칼륨 시비량

(단위: kg/10a)

수령(년)	치환성 칼륨 함량(mg/kg)			
	0.3 이하	0.31~0.60	0.61~1.0	1.01 이상
1~2	1.5	1.0	1.0	1.0
3~4	4.0	3.0	2.0	2.0
5~10	9.0	7.5	5.5	3.0
11 이상	15.0	12.5	8.0	3.0

다 시비 시기

비료의 분시 비율은 품종, 토양, 기상 조건, 비료의 종류 등 여러 요인에 따라 달라서 일률적으로 말하기는 어렵다. 보통 퇴비, 두엄, 계분과 같은 지효성 유기질 비료와 인산은 전량을 밑거름으로 시용한다. 물론 석회와 고토도 밑거름으로 시용하며 붕사는 밑거름이나 엽면시비를 한다. 복숭아의 분시 비율은 대체로 (표 57)과 같다.

표57 복숭아나무에 대한 분시 비율

(단위: %)

비료 성분	밑거름	덧거름	가을거름
질소	70	10	20
인산	100	0	0
칼륨	60	40	0

(1) 밑거름

밑거름은 뿌리의 활동이 시작되기 전에 시용하는 것이 좋다. 비료분이 근군 분포 부위까지 도달하는데 상당한 시일이 걸리고 또 뿌리의 활착이 시작된 다음에 시비하면 생장하는 새 뿌리가 잘려 저장양분의 손실이 커진다.

특히 봄에 가물 때 시비해서 다음에 비가 내릴 때까지 비료분을 흡수하지 못하다가 늦게 땅속으로 녹아 들어간 경우에는 비효가 늦게 나타나서 나무 웃자람, 과실 품질 떨어짐 및 생리적 낙과를 유발하기 쉽다. 그러므로 밑거름은 땅이 얼기 전 11월 이내에 시용하는 것이 좋다. 늦은 가을에 시용하지 못했을 때는 봄에 땅이 녹은 직후에 시용하는 것이 좋고 특히 퇴비, 두엄 및 기타 유기질 비료는 분해되어 흡수, 이용되기까지 상당한 시일이 걸리므로 가을에 시용하는 것이 좋다.

(2) 덧거름

비료분이 유실되기 쉬운 사질토 또는 척박한 땅에서는 생육 후기에 비료분이 부족되기 쉬우므로 중생종과 만생종에서는 칼륨과 속효성 질소 비료의 덧거름이 필요할 때가 많다. 그러나 경핵기(硬核期, 복숭아 과실 속의 핵이 굳어지는 시기)에 질소가 과다하면 낙과하기 쉽고 성숙기에 과다하면 숙기를 늦춤과 동시에 품질을 떨어뜨리므로 덧거름 시용은 유의해야 한다. 덧거름의 시기는 5월 하순~6월 상순이다.

(3) 가을거름

복숭아나무에서 과실 품질을 좋게 하기 위해서는 성숙기에 질소가 약간 부족한 상태가 되도록 하는 것이 좋다. 또 수확기가 빠른 조생종의 경우에는 낙엽기까지 기간이 길기 때문에 질소의 가을거름 시용 효과가 크다.

복숭아의 꽃눈은 7월 하순~8월 상순에 분화하기 시작하는데 그 후 영양상태에 따라 충실도가 좌우되고 다음해 수량에 영향을 끼치게 된다. 또 다음해 초기 생육은 저장양분에 의존하므로 수확 후 잎의 탄소동화작용을 왕성하게 하여 저장양분을 축적시키는 것이 중요하다.

시비 시기는 뿌리의 활동이 다시 시작되는 8월 하순~9월 상순이 좋고 시비량은 연간 시비량의 10~20%로 하되 나무 세력에 따라 가감한다. 세력이 강한 나무는 시비를 피하여야 하는데 시비량이 많든지 시비가 늦어지면 새로운 가지가 발생하여 동해 발생 원인이 된다.

라 시비 방법

복숭아 과원도 다른 과원과 비슷한 시기에 시비를 하지만 복숭아나무의 경우 흡비력이 강하여 6~7년생 미만의 유목기에는 척박한 땅에서도 비교적 생육이 왕성하므로 비료량을 줄여 주어야 한다. 다만 뿌리의 분포가 얕은 과수이므로 나무가 커진 후 비료분이 부족할 시 쉽게 세력이 떨어지기 때문에 주의를 해야 한다. 한편 비료 성분 중 질소가 과다한 상태에서는 나무가 웃자라 꽃눈 맺힘이 늦고 웃자람가지의 발생이 많다. 또 늦게까지 가지가 신장을 계속하여 과실과 가지 간에 동화 물질의 경합이 일어나 과실의 비대가 나쁘고 품질이 떨어지며 생리적 낙과도 많아진다. 그러므로 유목기엔 질소 비료의 과용을 피하고, 성목이 된 다음에는 나무의 영양 상태를 관찰하여 웃자람가지의 발생이 지나치지 않고 적당한 자람가지가 많이 발생하도록 시비량을 조절하여야 한다. 특히 척박한 땅에서는 유기질 비료를 함께 사용하는 비배 관리가 필요하며, 경사지인 경우는 토양 유실을 감안하여 재배하여야 한다.

마 부산물 비료

부산물 비료는 유기질 및 부숙 유기질 비료, 미생물 비료로 나눌 수 있다. 부산물 비료는 종류가 다양하며 같은 종류의 비료라 하더라도 부숙 정도나 재료의 혼합 비율에 따라서 크게 다르다. 유기질 비료는 어박, 골분, 유박류, 가공계분, 깻묵, 혼합 유기질, 증제피혁분, 맥주오니, 유기복합 등 18종이 있다. 부숙 유기질 비료는 가축분퇴비, 퇴비, 부숙겨, 분뇨잔사, 부엽토, 건조축산폐기물, 가축분뇨발효액, 부숙왕겨, 부숙톱밥 등 9종이며 미생물 비료는 토양 미생물제제를 말한다.

최근에는 산업폐기물로 나오는 유기재료를 비료화하여 유기질 비료로 판매하고 있는 경우도 있으므로 직접 가축 분뇨와 농산물 부산물로 만들어 사용하는 것이 안전하다.

시중에 판매되는 유기질 및 부산물 비료의 성분량을 분석한 결과 질소 함량이 많은 것은 1.75%이고 인산 함량은 4.85%까지 있어 많이 사용할 경우 양분 과다가 나타날 수 있다.

표58 **시판 유기질 및 부산물 비료 성분 분석 결과(현물중)**

(단위: %)

구분	수분 (%)	pH	EC (dS/m)	유기물 (%)	전질소 (%)	P_2O_5 (%)	K_2O (%)	CaO (%)	MgO (%)
최소	12.4	6.6	4.0	9.6	0.23	0.19	0.06	0.04	0.03
최대	87.8	10.0	54.1	53.4	1.75	4.85	1.47	1.85	0.39

※ 자료: 농촌진흥청 국립농업과학원 시험연구보고서

(1) 유기물 시용 효과

유기물의 시용 효과는 비료로서의 효과, 화학적 개량 효과, 물리성 개량 효과 등 3가지로 나눌 수 있다. 비료 공급 효과가 큰 것은 총 질소 함량이 높고 탄소-질소 비율(C/N율)이 낮은 것들을 말하며 계분 비료, 돈분 비료, 식품산업폐기물 등이 해당된다. 비료로서의 효과가 적은 것은 톱밥, 왕겨 등과 같이 분해하기 어려운 유기물들이다. 화학적 개량 효과는 인산과 염기 함량에 의하여 판정되며 돈분퇴비, 계분퇴비 등의 효과가 크고 톱밥퇴비, 왕겨퇴비 등의 식물성 퇴비는 효과가 작다. 오니류는 종류에 따라서 석회, 알루미늄 등의 염기들이 다량 함유되어 있으므로 시용할 때 주의하여야 한다.

물리성 개량 효과는 투수성, 보수력 등이 중심이 되므로 섬유질이 많은 가축분퇴비, 왕겨퇴비 등이 효과가 크고 돈분, 계분퇴비 및 식품산업폐기물은 비료 공급효과가 크다.

(2) 유기물 기능

가. 식물의 양분공급원

토양 유기물은 완효성 비료의 성질을 갖고 있고 다량요소와 미량요소를 동시에 공급하며 분해되기 쉬운 여러 화합물 등이 무기화되면서 각종 양분과 가스로 공급한다.

나. 토양 물리·화학성 개선

토양 유기물은 입단 형성을 촉진하여 통기성과 보수성을 향상시키고 양이온 치환용량이 높아 토양의 완충능 향상에도 도움이 된다. 또한 킬레이트 기능을 하여 활성 알루미늄의 생성을 억제하고 인산의 고정 방지와 유효화를 촉진하는 기능이 있다.

표59 각종 유기물의 특성

유기물명		원재료	시용 효과			시용상 주의
			비료적	화학성	물리성	
퇴비		볏짚, 보리짚, 채소류	중	소	중	안전하게 사용할 수 있음
구비류	우분류	우분뇨와 볏짚류	중	중	중	비료 효과를 고려하여 시용량 결정
	돈분류	돈분뇨와 볏짚류	대	대	소	
	계분류	계분과 볏짚류	대	대	소	
목질류 혼합퇴비	우분류	우분뇨와 톱밥	중	중	대	미숙 목질과 충해가 발생하기 쉬움
	돈분류	돈분뇨와 톱밥	중	중	대	
	계분류	계분뇨와 톱밥	중	중	대	
나무껍질 퇴비류		나무껍질, 톱밥을 주체로 한 퇴비	소	소	대	물리성 개량 효과가 큼
왕겨퇴비류		왕겨를 주체로 한 퇴비	소	소	대	물리성 개량 효과가 큼

※ 자료: 농촌진흥청. 농토배양기술. 1992. p. 203

표60 유기물 1t당 성분량과 유효 성분량

유기물 종류		수분 (%)	성분량(kg/t)					유효 성분량(kg/t/년)		
			질소	인산	칼륨	석회	고토	질소	인산	칼륨
퇴비		75	4	2	4	5	1	1	1	4
구비	우분뇨	66	7	7	7	8	3	2	4	7
	돈분뇨	53	14	20	11	19	6	10	14	10
	계분	39	18	32	16	69	8	12	22	15
혼합퇴비	우분뇨	65	6	6	6	6	3	2	3	5
	돈분뇨	52	9	19	10	43	5	3	12	9
나무껍질		61	5	3	3	11	2	0	2	2
왕겨껍질		55	5	6	5	7	1	1	3	4

※ 자료: 농촌진흥청. 농토배양기술. 1992. p. 203

다. 미생물상 활성 유지 및 증진

토양 유기물이 증가하면 토양의 물리·화학적 성질이 개선되어 토양 중의 중소동물과 미생물이 증가하게 된다. 그 결과 물질 순환 기능이 증대되고 생물적 완충능이 커지며, 이로 인하여 유해 물질이 분해·제거되어 안정화된다. 이와 같이 유기물은 식물 양분을 공급·저장하고 수분을 흡수하여 가뭄을 방지하며, 토양의 물리·화학적 성질을 개선하는 등 중요한 구실을 하기 때문에 토양 내 유기물 시용은 매우 중요하다.

바 엽면시비

수확 후 가을에 실시하는 엽면시비는 양분의 축적을 위하여 필요하다. 더 중요한 것은 엽면시비 이전에 과실 수확 후 잎의 보전 대책이 필요하다는 것이다. 많은 농가들이 7~8월에 수확이 끝났을 때 관리를 소홀히 하여 낙엽이 지는 경우가 많은데, 이는 양분의 비축이 떨어져 동해를 입을 염려가 있고 다음해 과실의 품질과 수량이 떨어질 수도 있다. 엽면시비 농도는 요소의 경우 낙엽이 되기 바로 전에 4% 내외로 살포한다. 이때 흡수된 양분은 다음해 꽃눈과 새가지 발육에 좋은 영향을 미친다. 각종 양분의 엽면살포 농도는 (표 61)과 같다.

표61 엽면살포제와 살포 농도

비료 성분	엽면살포제	살포 농도
질소[1]	요소($CO(NH_2)_2$)	생육 기간 : 0.5% 정도 수확 후 : 4~5%
인산[2]	제1인산칼륨(KH_2PO_4)	0.5~1.0%
칼륨[2]	제인산1칼륨, 황산칼륨(K_2SO_4)	0.5~1.0%
칼슘	염화칼슘($CaCl_2$)	0.4%
마그네슘[3]	황산마그네슘 7수화물($MgSO_4 \cdot 7H_2O$)	2% 정도
붕소[3]	붕사($Na_2B_4O_7 \cdot 10H_2O$), 붕산(H_3BO_3)	0.2~0.3%
철	황산철($FeSO_4 \cdot 5H_2O$)	0.1~0.3%
아연[4]	황산아연($ZnSO_4 \cdot 7H_2O$)	0.25~0.4%

1 질소는 농약과 혼용해도 무방 2 약해 방지를 위하여 인산과 칼륨은 1/2의 생석회와 혼용 살포 3 마그네슘은 요소와 혼용, 붕소는 요소 또는 농약과 혼용 가능 4 민감한 품종의 경우, 아연은 같은 양의 생석회와 혼용하면 약해가 방지됨

제Ⅹ장
생리장해

1. 핵할(核割, 씨갈라짐)
2. 열과(裂果, 열매터짐)
3. 일소(日燒, 햇볕 데임) 현상
4. 수지(樹脂) 증상
5. 기지(忌地) 현상
6. 내부 갈변
7. 수확 전 낙과
8. 이상편숙과(異常偏熟果) 현상

01 핵할(核割, 씨갈라짐)

가 증상

핵할이란 과실의 발육 도중에 씨를 둘러싸고 있는 딱딱한 층인 내과피가 갈라지는 현상이다. 핵할이 되면 낙과되기가 쉽고, 과실의 저장성과 상품성이 떨어진다.

일반적으로 조생종에서 발생이 많지만 중·만생종에서도 발생하며 큰 과실일수록 쉽게 생긴다. 발생 시기는 과실의 비대 초기와 핵이 단단해지는 경핵기인데 과실 비대 초기의 핵할은 만개 후 20~40일에 발생한다. 주공부의 상하 어느 한 부분이 봉합선에 대하여 평행 또는 직각으로 갈라지는데, 이 균열은 중과피의 내부까지 이어진다. 이 시기의 핵은 아직 단단해지지 않았기 때문에 점차 유합

〈그림 48〉 복숭아의 핵할

되어 정상화되기도 한다. 경핵기 중의 핵할은 품종에 따라 다소 차이가 있으나 보통 6월 상순~하순에 발생하고 일단 발생된 균열은 핵할로 진전된다. 과실 비대 초기 핵할과 경핵기 중의 핵할은 연관되어 발생하는 경우가 많아 비대 초기의 핵할이 경핵기 핵할 발생의 계기가 되고 있다.

핵할의 발생 정도는 해에 따라 차이가 있으며 과실 비대가 촉진되는 해일수록 핵할이 심하다. 과실 생육 초기의 핵할은 과실 내 양수분의 급격한 변동에 의하여 유기되며, 경핵기 중의 핵할은 핵층의 경도가 급격하게 증가되어 수분이 빠져나가기 때문에 핵의 용적이 수축되어 구조적으로 균열에 대하여 불안정한 상태에서 발생한다. 핵할은 경핵기 이전의 기온과 밀접한 관계가 있는데 저온일수록 심하게 발생하고 고온일수록 적게 발생한다. 핵할된 과일은 종경에 비하여 횡경의 이상 발육을 나타낸다.

나 방지 대책

핵이 충분히 굳어지기 전에 과실의 비대가 급속히 일어나면 핵이 갈라지기 쉬우므로 경핵기 전에 과실의 급속한 비대가 일어나지 않도록 지나친 열매솎기나 과도한 관수, 시비 등을 삼간다.

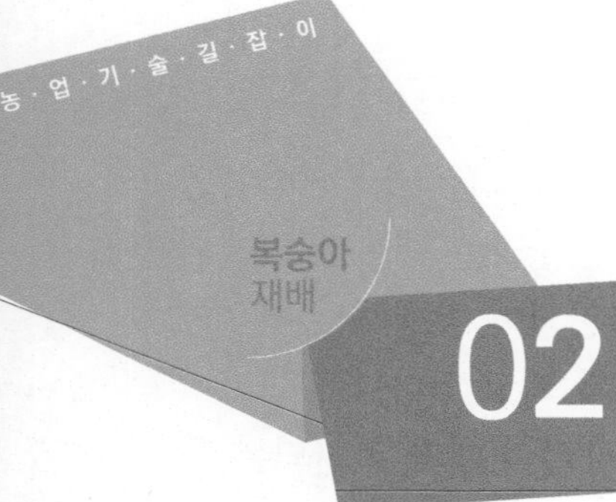

02 열과(裂果, 열매터짐)

가 증상

수확기에 근접하여 과실 과정부가 터지는 현상이다. 일반적으로 한 방향으로 열과되지만 심한 경우에는 2~4 방향으로 열과되기도 한다. 수확 전에 가뭄이 계속되다 갑자기 많은 비가 오는 경우 주로 일어나는데, 털복숭아보다는 천도에서 많이 발생한다.

〈그림 49〉 성숙 전 천도 과실의 열과

나 발생 원인

성숙기 직전까지 건조한 기상이 계속되어 토양 수분이 부족하게 되면 과실 비대는 억제되고 과실 껍질은 세포분열이 떨어지면서 껍질이 두텁게 된다. 그 후 일시에 많은 비가 오면 다량의 수분이 흡수되어 과육의 팽압이 높아져 껍질이 터진다.

다 방지 대책

열과는 토양 수분의 변동 폭이 심할 때 많이 발생하므로 건조가 오래 지속되지 않게 관수, 멀칭 등으로 토양 수분을 보존하고 장마 시에는 물 빠짐 관리를 철저히 하여 토양 내 수분의 변동 폭이 심하지 않게 한다. 성숙기에 근접하여 토양이 건조하면 수관 아래를 멀칭하고 관수해 준다. 또 밑거름 시용 시 깊이 갈고 퇴비와 석회를 충분히 시용하여 뿌리가 깊고 넓게 분포할 수 있게 해야 하며, 열과가 심한 품종은 봉지 재배를 하는 것이 안전하다.

03 일소(日燒, 햇볕 데임) 현상

가 증상

일소 현상은 여름철 직사광선에 노출된 원줄기나 원가지의 수피 조직에 생기는 고온장해를 말한다. 경우에 따라서는 겨울철에 원줄기나 원가지의 남쪽 수피 부위에 피해를 주는 현상도 일소에 포함시킨다. 과실과 잎에서도 간혹 일소가 발생하나 발생 빈도가 낮아 크게 문제가 되지 않는다.

일소 피해를 받은 가지 조직은 괴사되면서 수지가 형성되기 때문에 수지병의 원인이 되기도 한다. 일소 현상은 보통 점진적으로 증상이 나타나는데 피해 부위인 수피 표면에 균열이 생기고, 형성층이 말라 죽으며 그 이후에는 수피가 목질부로부터 분리된다.

나 발생 원인

굵은 가지가 강한 햇빛을 받으면 그 부분의 온도가 올라가면서 수분 증발이 많아지고 심하면 형성층이 말라 죽으면서 조직 전체에 피해가 생긴다.

일소는 건조하기 쉬운 모래땅에서 발생 빈도가 가장 높고 토심이 얕은 건조한 경사지나 뿌리가 깊게 뻗지 못하는 곳에서도 발생이 많다. 배상형 수형에서 발생이 많고 굵은 가지, 나무 세력이 약한 나무, 늙은 나무에서도 많이 발생한다.

다 방지 대책

근본적으로 나무를 튼튼하게 키우고 굵은 가지에 햇빛이 직접 닿지 않도록 잔가지를 붙여 해가림이 되도록 한다. 그렇지 못한 경우에는 백도제를 발라 직사광선을 피하도록 한다.

토양이 너무 건조하여 지온이 상승되지 않도록 부초(敷草)를 하거나 관수를 해주어 나무의 수분 흡수와 증산 간에 균형이 깨어지지 않도록 유의한다.

04 수지(樹脂) 증상

가 증상

수지 증상이란 원줄기나 원가지에서 수지가 분비되는 것을 말하는데, 처음에는 투명한 젤리 모양의 수지가 분비되다가 이것이 차츰 진한 갈색이 되고 나중에는 굳어져 흑갈색이 된다. 5~6월부터 발생하기 시작하여 7~8월의 여름철에 가장 발생이 많다.

〈그림 50〉 복숭아 수지 증상

나 발생 원인

발생 원인은 다양한데 일반적으로 세력이 약한 나무에 많이 발생하고 물 빠짐이 나쁘거나 매우 건조한 땅에서도 많이 발생한다. 특히 여름철에 가지가 일소 피해를 받으면 조직에 부분 괴사가 일어나고 에틸렌 가스가 다량으로 발생되면서 수지가 형성된다.

장마철에 물 빠짐이 매우 나쁜 나무의 경우 뿌리의 혐기 호흡에 의해 에틸렌, 알데하이드 등이 다량 생성됨으로써 수지의 발생을 촉진시킨다. 그 밖에 줄기마름병, 유리나방 등 병해충에 의해 2차적으로 유발되기도 한다.

다 방지 대책

토양이 지나치게 건조하면 관수하고 장마철에는 물 빠짐을 좋게 하는 등 재배 관리를 합리적으로 하여 나무 세력을 튼튼히 한다. 봄에 진한 석회액을 줄기에 발라 보호해 주며 피해 부위는 깎아낸 다음 티오파네이트메틸 도포제 등을 발라준다. 굵은 가지가 일소 피해를 받지 않도록 잔가지를 적절히 배치한다.

05 기지(忌地) 현상

가 증상

기지 현상이란 한 가지 작물을 오랫동안 재배하였던 땅에 다시 같은 작물을 재배할 경우 생육이 나빠 생산력이 떨어지고 심하면 나무가 말라 죽는 현상을 말한다. 복숭아는 다른 과수에 비하여 열매를 맺는 결과연령에 달하는 기간이 짧고 나무의 수명도 짧기 때문에 나무를 새로 심거나 보식하는 경우가 많아 기지 현상이 문제가 되고 있다.

나 발생 원인

토양 내 독 물질 축적, 유해 미생물 증가, 영양 결핍, 토양의 물리성 불량 등 여러 가지 요인이 관여하여 발생 원인이 되는 것으로 알려졌다.

독성물질설은 뿌리에 함유되어 있는 청산배당체가 토양 내에서 가수분해되어 생성되는데 그 중간 생성물인 시안화수소(HCN)가 뿌리에 장해를 주어 생육을 나쁘게 하는 것으로 알려져 있다.

복숭아 2년생 묘와 성목에서의 나무 내 부위별 청산배당체의 함량을 비교하면 성목의 뿌리에서 현저하게 많기 때문에, 성목을 베어 내고 다시 묘목을 심는 경우 청산배당체의 축적이 많은 굵은 뿌리가 토양 속에 남아 장해를 주게 된다.

표62 복숭아 수체 부위별 프루나신(Prunasin)의 함량 비교

(단위: mg/g, 건물중)

구분	잎	1년생 가지	2년생 가지	뿌리
2년 생묘	1.26	6.01	-	4.95
성목	2.21	4.90	9.10	32.25

토양 내의 선충의 밀도도 기지 현상과 밀접한 관계가 있다. (표 63)은 복숭아나무를 재배하는 토양과 그렇지 않았던 토양 내 선충의 종류와 밀도를 나타낸 것인데, 복숭아나무를 재배하였던 토양에서 선충의 밀도가 높음을 알 수 있다. 선충이 복숭아나무의 뿌리에 기생해서 식해할 뿐만 아니라 선충이 가지고 있는 청산배당체 분해효소인 에멀신(Emulsin)이 청산배당체를 분해하여 뿌리의 기능을 떨어뜨리는 것으로 알려져 있다.

한편 복숭아는 내수성이 약해서 뿌리의 산소 요구도가 높은데 만일 물 빠짐이 나빠 뿌리 호흡이 억제되면 뿌리에서 시안화수소가 발생될 수 있다. 즉 새로 심은 복숭아나무의 뿌리는 먼저 복숭아나무가 심겨졌던 자리의 잔존물에서 나온 독극물에 의하여 호흡이 저해받을 수 있으나, 토양 조건이 혐기적인 상태에서는 새로 심은 나무뿌리 자체에서도 유독 물질이 발생할 수 있다.

복숭아나무를 장기간 재배해 토양 내 영양분이 모두 소모되면 새로 심은 나무가 영양 결핍으로 기지 현상이 일어나기도 한다.

표63 복숭아 재배 토양의 선충 밀도 비교

(단위: 마리수/200g 토양)

선충 종류	복숭아나무를 재배하고 있는 토양	복숭아나무를 심지 않은 토양
핀선충(*Paratylenchus*)	501	0
뿌리썩이선충(*Pratylenchus*)	127	0
참선충(*Xiphinema*)	44	0
위축선충(*Tylenchorhynchus*)	174	0
창선충(*Tylenchus*)	24	50
뿌리혹선충(*Meloidogyne*)	39	0
나선선충(*Rotylenchus*)	32	0
계	941	50

다 방지 대책

기지 현상을 방지하기 위해서는 나무를 새로 심을 때 우선 청산배당체가 함유되어 있는 종자, 뿌리, 가지 등 먼저 심겨져 있던 나무의 잔존물을 철저히 제거한다. 토양 내 선충을 제거하기 위해서는 다조멧 입제, 포스티아제이트 입제 등을 살포한다. 그리고 물 빠짐을 좋게 하여 뿌리가 호흡하는 데 지장이 없도록 해준다. 나무를 새로 심을 때에는 충분한 유기물과 석회를 시용하여 토양을 중화시켜 토양 내 무기 성분의 유효도를 증진시킨다.

기지 현상은 복합적인 요인에 의한 것이기 때문에 실제로 나무를 새로 심을 때에는 어느 한 요인만을 제거시킬 것이 아니라 모든 발병의 요인을 제거해야 한다.

06 내부 갈변

가 증상

복숭아 저장 중에 발생하는 장해이다. 10℃ 이하의 저온에 1개월 이상 장기간 저장한 다음 실온에 두면 과즙이 적어지면서 육질이 질겨지는 현상이 발생하는데 이러한 과실은 과육의 분질화와 더불어 핵 주변 과육의 갈변 현상을 동반하는 경우가 많다.

나 발생 원인

만생종 중 저장성이 강한 품종의 경우, 과숙된 과실을 늦게 수확하는 경우에는 나무에 달린 과실에서도 발생한다. 상온 저장보다 저온 저장(3~5℃)하는 경우 발생이 심하다. 내부 갈변의 발생에는 기상(생육기 고온건조 및 수확기 저온), 질소 및 칼륨 과다 시용 등이 복합적으로 관여하는 것으로 알려져 있다.

다 방지 대책

3~5℃의 저장은 피하도록 한다. 저온 저장 전에 과실을 21~24℃에 1~3일간 두거나 저온 저장 2주 또는 4주 후에 과실을 실온에 48시간 정도 두면 내부 갈변이 현저히 감소한다. 또 복숭아를 CA 저장하면 내부 갈변이 적다.

07 수확 전 낙과

Growing Peaches

가 증상

병해충이나 기계적 장해에 의해서가 아니고 과실이 발육 도중에 자연적으로 떨어지는 현상을 생리적 낙과라 하는데 생리적 낙과는 크게 조기 낙과와 수확 전 낙과로 나눌 수 있다. 특히 수확 전 낙과는 안정적인 생산을 위해 가장 신경써야 한다.

수확 전 낙과는 주로 수확 10~15일 전에 흔히 나타나는데 성숙기 가까이의 강우나 고온건조한 해에 많이 나타나고 특히 '유명' 품종에서의 발생이 심하다.

나 발생 원인

'유명'의 열매꼭지 길이는 9.5mm로 다른 품종과 비슷하지만 경와부의 비대가 활발하여 만개 후 96일경에는 열매꼭지 길이와 경와 깊이가 같아지게 된다. 그 이후 계속된 경와부의 비대로 인하여 열매꼭지 부위의 물리적 인장 압박을 받게 됨으로써 낙과하게 된다. 특히 성숙기에 기온이 높으면 열매꼭지 부위의 에틸렌 발생량이 증가하고 탈리층 형성을 촉진하는 셀룰라아제(Cellulase)와 폴리갈락투로나아제(Polygalacturonase)의 활성도가 높아져 낙과가 더욱 증가된다.

표64 숙기 복숭아 '유명' 품종의 기온 상승에 따른 낙과율과 열매꼭지 부위의 생화학적 특성변화

성숙기 기온 (℃)	낙과율 (%)	에틸렌 발생량 (μg/g/일)	효소 활성(unit)	
			셀룰라아제	폴리갈락투로나아제
20	12	2.5	0.7	2.9
25	35	4.4	1.1	4.5
30	57	14.5	4.7	11.1
35	91	29.9	7.4	17.3

다 방지 대책

열매꼭지 부위의 물리적 압박을 적게 하기 위하여 중·단과지에 주로 착과시킨다. 장과지의 가지 기부에 결실된 과실은 솎아 주고 선단부에 착과시킨다. 토양이 지나치게 건조하거나 장마철 배수 불량으로 잔뿌리가 썩게 되면 나무의 에틸렌 발생량이 증가되어 낙과가 심해지므로 가뭄 시에는 관수해주고 장마철에는 물 빠짐이 잘 되도록 한다. 밑거름 시용 시 깊이갈이+퇴비+석회 시용을 철저히 하여 뿌리가 깊고 넓게 발달하도록 하는 것도 한 방법이다.

08 이상편숙과(異常偏熟果) 현상

Growing Peaches

가 증상

초기에는 복숭아 봉합선의 상단부가 일찍 붉게 착색되며 증상이 진전됨에 따라 건전 부위보다 일찍 성숙하여 연화된다. 때로는 급속히 비대 생장하여 혹처럼 튀어나오기도 한다.

이러한 현상은 대체로 수확 2~4주 전부터 나타나는데 건전 부위가 성숙될 무렵에는 봉합선 부위가 과숙되어 열과되거나 부패하여 상품성이 없는 과실이 되고 만다.

이상편숙과가 발생되는 복숭아 과원의 잎에는 미량요소 결핍 시 나타나기 쉬운 황화 현상이 나타나고 때로는 잎의 가장자리나 끝이 말라 죽기도 한다. 또한 이 현상은 나무에 부분적으로 나타나는 것이 아니라 복숭아 과원 전체에 발생되므로 심한 피해를 주게 된다. 품종에 따라 중·만생종인 '대구보'나 '백도'보다는 조생종인 '창방조생'에서 발생이 많다.

나 발생 원인

발생은 나무 내 과실 봉합선 부위에 불소의 이상축적으로 인해 과실의 성숙과 밀접한 관계가 있는 에틸렌 가스의 발생량이 증가됨으로써 생긴다. 식물 생장조절제인 오옥신 계통의 2,4-D나 2,4-DP를 과실에 살포하거나 성숙촉진제인 에스렐을 살포해도 유사한 증상이 나타난다.

다 방지 대책

방지는 염화칼슘 1%액을 경핵기에 10~20일 간격으로 3회 정도 엽면살포하여 효과를 얻을 수 있다. 식물체 내의 불소가 엽면살포에 의해 흡수된 칼슘과 결합하여 대부분이 불용화되어 유효태 불소 함량이 낮아지기 때문에 이상편숙과 발생이 감소된다.

제 XI 장
병해충 방제

1. 병해
2. 해충 생태 및 방제

01 병해

가 세균구멍병(細菌穿孔病)

(1) 병원균

학명: *Xanthomonas arboricola pv. pruni* (Smith) Vauterin *et al.*
Erwinia nigrifluens Wilson *et al.*

영명: Bacterial shot hole

일명: センコウセイサイキンビョウ

병원균은 세균으로서 *Xanthomonas arboricola pv. pruni*에 의하여 발생하는 것으로 알려져 있다. 이 균은 병원성이 강하고 하나의 단극모를 가지고 있으며 짧은 간균의 그램음성균으로서 생육 한계 고온은 35~39℃이다.

(2) 병징 및 발생 생태

세균성구멍병은 복숭아, 앵두, 살구, 자두, 매실 등에 발생이 많으며 복숭아에서는 '엘버타', '창방조생', '대구보', '대화백도' 등의 품종이 이 병에 비교적 강하고 '기도백도', '유명'은 중간 정도이며 '백도', '사자조생'은 약한 것으로 나타나고 있다.

잎에는 수침상의 작은 반점이 생기고 점차 확대되어 갈변하며 시간이 지나면 그 부위가 탈락되어 구멍이 뚫린다. 벌레가 잎 표면을 기어다닌 흔적이 있는 복숭아굴나방에 의한 피해 잎과는 구별된다. 가지에는 처음 자갈색의 수침상 반점이 생기고 병반이 움푹하게 들어가면서 갈라진다. 열매에는 수침상 반점이 생겨 확대됨에 따라 점차 갈색으로 변하고 약간 움푹해진다.

병원균은 가지 껍질 조직의 세포가 파괴된 부분(피목, 낙엽 진 자리)에서 잠복 월동하며, 월동한 병원균이 발육을 개시하는 시기는 기온이 상승하면서 가지 껍질 조직 내에 환원당이 증가하는 시기이다. 병원균 월동 부위에 형성된 코르크층의 일부가 파괴되어 병반이 확대된다. 복숭아의 개화, 발아 시기에 육안으로 확인할 수 있다. 지난해 병반의 주위가 수침상으로 확대되어 봄 병반을 형성하기도 하며 이 표면에 병원세균이 흘러나와 비나 이슬에 녹아서 바람과 함께 분산한다. 잎의 기공이나 바람에 의해 발생하는 잎의 작은 상처 등을 통하여 침입을 한다.

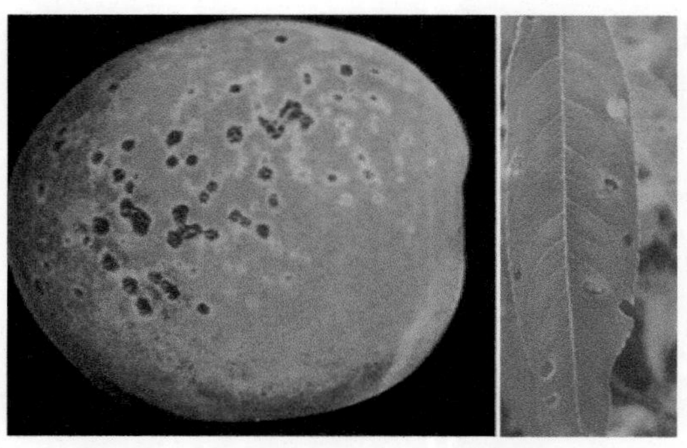

〈그림 51〉 복숭아 세균성구멍병(피해 과실과 잎)

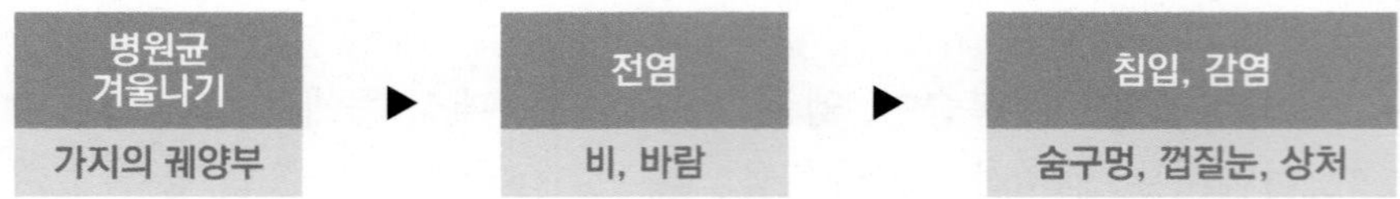

〈그림 52〉 복숭아 세균성구멍병의 전염경로

(3) 방제 대책

재배적인 방제법으로 병든 가지를 제거한다. 병원세균은 주로 잎에 나타나는 작은 상처를 통해 침입하므로 상습적으로 이 병이 발생하는 재배지에서는 가급적 방풍림을 설치한다. 물 빠짐을 철저히 하고 균형 시비를 실시하며 질소 과용을 삼간다. 봉지 씌우기는 가능하면 일찍 하는 것이 좋으며 늦어질 경우 병든 과일을 제거한다.

약제를 이용한 방제법으로는 월동 직후 석회유황합제(5도액)를 살포하여 월동 전염원을 줄여 준다. 생육기에는 등록된 농약을 충분히 살포하는데 같은 계통의 농약이 연속 살포되지 않게 번갈아 바꾸어 살포하는 것이 좋다. 이 병은 나무의 위쪽보다 중간과 아래쪽에서 많이 발생하므로 약제 살포 시 이 부분에 집중 살포하면 효과를 높일 수 있다.

6~7월에는 6-6식 아연석회액을 살포하면 효과적이고 과일에도 효과가 있으나 6-6식 석회보르도액을 살포하면 약해가 발생하므로 주의한다. 병 발생이 많은 과원에서는 수확기 이후에 적용 약제를 살포하면 다음해 발생을 줄일 수 있다. 청도복숭아시험장 연구 결과에 의하면 수확 후 9월 중순~10월 상순에 4-12식 석회보르도액을 1~3회 살포하면 이듬해 잎에서는 28.7~42.7%, 과일에서는 42.8~67.0%의 방제 효과가 있었다(1988~1989, 경북도원).

나 잎오갈병(縮葉病)

(1) 병원균

학명: *Taphrina deformans* (Berkeley) Tulasne

영명: Leaf curl

일명: シュクヨビョウ

자낭균에 속하며 발육 최적 온도는 20℃이고 12~21℃에서 기주 내에 침입이 쉽게 이루어진다. 자낭포자와 분생포자를 형성하고 균사는 무색이며 기주의 세포 간극에서 생활한다.

(2) 병징 및 발생 생태

복숭아나무 잎오갈병은 곰팡이가 원인이 되어 발생하는 병으로 전국적으로 발생하며 봄철에 서늘하고 다습하면 발생이 심해진다. 때로는 조기낙엽이 되며 꽃눈분화에 지장을 주고 나무 세력이 약해지면 동해를 입기 쉽다.

발생이 많은 품종은 '엘버타', '조생수밀' 등이고 발생이 적은 품종은 '백도' 등으로 조사되었다. 새로운 잎에 병원균이 부착하여 큐티클층을 뚫고 균사가 침입하면 세포 간극에서 병원균이 증식한다. 표피 조직도 수평 방향으로 분열하며 가끔은 위아래로 분열하는데 잎의 뒷면은 분열이 많고 밑의 층은 적기 때문에 잎이 말리거나 기형이 된다. 이 병은 잎줄기의 세포로 분열하여 혹을 형성하고 잎 색깔은 처음에 홍색을 띠나 시간이 지나면 자낭포자가 생성되어 하얗게 흰 가루가 묻은 것 같은 병징을 나타낸다. 병든 잎은 위축된 후에 흑갈색이 되어 떨어진다.

〈그림 53〉 복숭아 잎오갈병(피해 잎)

병원균은 가지의 표면에 부착하여 분생포자로 월동하다가, 다음해 봄에 복숭아 눈이 발아할 때 비에 씻겨 새로운 잎에 도달하여 병을 일으킨다. 많이 감염되는 시기는 잎이 나오기 시작하면서부터 5월 중순까지이며 5월 하순 이후 기온이 24℃ 이상이 되면 발병이 적어진다. 그러나 이 시기에 기온이 낮고 비가 많으면 계속 감염된다. 기온이 서늘한 댐 주변, 고지대, 바닷가에서 발병이 많다. 이 병원균은 1년 이상 생존이 가능하므로 지난해에 발생이 적었더라도 방제에 소홀하면 피해를 볼 수 있다.

(3) 방제 대책

재배적 방제로는 병든 가지와 잎을 불에 태워 초기 전염원을 줄여 주며 과습하거나 동해를 받지 않도록 과원을 관리한다. 약제 방제는 발아기에 석회유황합제를 살포하며 생육기에는 등록된 농약을 안전사용기준에 맞춰어 살포한다.

다 잿빛무늬병(灰星病)

(1) 병원균

학명: *Monilinia fructicola* (Winter) Honey
영명: Brown rot
일명: キンアクビョウ

자낭균에 속하며 자낭포자와 분생포자 및 균핵을 형성한다. 외국에서는 기주에 따라 병원균의 분류를 다르게 하고 있어 *Monilinia fructicola*는 핵과류, 서양배에 병을 일으키며 *M. laxa*는 살구, 매실에 병을 일으키는 것으로 알려져 있다.

(2) 병징 및 발생 생태

잿빛무늬병은 꽃과 잎에도 발생하나 주로 과실에 발생하여 피해를 주는 병으로 성숙기에 발병하고 수확 후 저장이나 수송 중에도 발병하여 피해를 준다. 천도계 품종에서 많이 발생하나 과일 성숙기에 습도가 높은 해에는 털 없는 복숭아 품종에서도 발생한다. 과실의 표면에 갈색 반점이 생기고 점차 확대되어 대형의 원형 병반을 형성한다. 오래된 병반에는 회백색의 포자 덩어리가 무수히 형성되고 과실 전체가 부패하여 심한 악취가 발생한다.

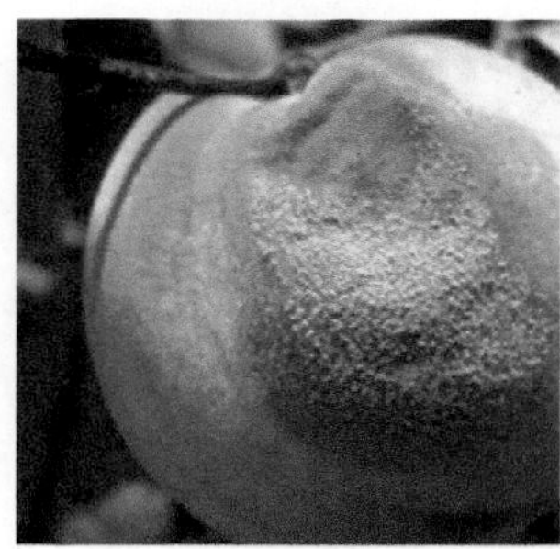

〈그림 54〉 복숭아 잿빛무늬병(피해 과실과 새가지)

병원균은 지표에서 균핵으로 월동하고 병든 과일이나 나뭇가지의 병든 부위에서도 월동한다. 자낭반은 눈이 많이 오는 곳에서 생기며 초생 재배지에 많다. 자낭포자와 분생포자는 꽃에 침입하여 병을 일으키며 다시 분생포자를 형성하여 과일에 부착하고 침입하여 병을 일으킨다.

(3) 방제 대책

재배적 방제법으로는 병든 가지와 과일을 일찍 제거하고 적기에 봉지를 씌워서 재배하면 이 병을 거의 막을 수 있다. 약제 방제법으로 발아 전에 석회유황합제를 살포하고 생육기인 5월부터 7월까지 등록된 농약을 충분히 살포한다. 복숭아는 특히 품종이 다양하여 수확 시기에 차이가 많으므로 복숭아 과원에 약제 방제를 실시할 경우에는 농약 안전사용기준을 준수할 수 있도록 항상 유의하여야 한다.

라 탄저병(炭疽病)

(1) 병원균

학명: *Colletotrichum* spp.
영명: Anthracnose
일명: タンソビョウ

자낭균에 속하며 주로 분생포자를 형성하나 드물게 자낭포자를 형성하기도 한다. 자낭각은 흑색이고 모양은 구형 내지 플라스크형으로 직경이 250~320㎛이다. 자낭은 곤봉형으로 크기는 50~110×8~10㎛이며 8개의 자낭포자가 들어 있다. 자낭포자는 무색 단세포로 약간 구부러진 방추형이며 크기는 12~28×4~7㎛이다. 분생포자층에 형성된 분생포자는 무색, 단세포, 타원형 또는 원통형이며 크기는 12~22×4~7㎛이다. 병원균의 생육 온도는 5~32℃이고 생육 적온은 28℃이다.

(2) 병징 및 발생 생태

잎과 가지에도 발생하나 특히 열매에 발생하여 큰 피해를 주는 병이다. 잎에서는 위쪽으로 관(대롱)과 같이 말리고 가지에서는 처음 녹갈색의 수침상 병반이 생겨 나중에는 담홍색으로 변하고 움푹해진다. 표면에는 담홍색의 분생포자를 분비하며 새가지는 생장이 정지되고 때로는 구부러져 위축되고 말라 죽는다. 열매에 발생하면 처음에 표면에 녹갈색의 수침상 병반이 생겨 나중에 짙은 갈색으로 변하게 되며 건조하면 약간 움푹해진다. 병든 과일은 떨어지는 것도 있으나 대개 가지에 붙은 상태로 말라서 위축된다. 병원균의 생육 온도는 5~32℃이며 생육 적온은 28℃이다.

탄저병 발생과 강우에는 깊은 관계가 있다. 이 병은 4~6월 강수량이 30mm 이하인 지방에서는 거의 발병하지 않으나 300~400mm인 지역에서는 많이 발생되어 보통 품종의 재배한계가 되고, 500mm가 넘으면 저항성 품종만 재배하여야 한다. 병원균은 가지 또는 열매의 병환부에서 월동하여 다음해의 전염원이 된다. 병원균은 어린잎을 침입하거나 열매꼭지를 거쳐 가지까지 침입하는 경우도 있다. 경북 지방을 중심으로 포자가 4월 하순부터 비산하기 시작하여 6월 중순~7월 중순 사이에 최대를 나타낸다. 이 시기의 과실은 당도가 9°Bx 이상이고 산도가 0.5% 이하인 조건이 되어 조생종인 '창방조생'의 경우 6월 중순, 만생종인 '유명'의 경우 7월 중순에 탄저병의 감염이 이루어진다. 대체적인 발병 최성기는 6~7월 기온이 25℃일 때이다.

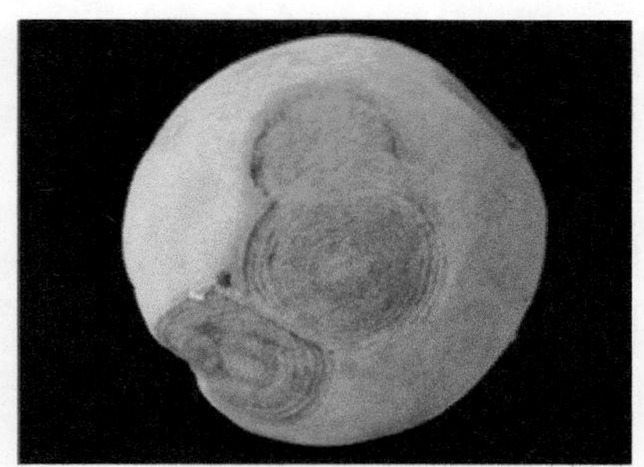

〈그림 55〉 복숭아 탄저병(피해 과실)

(3) 방제 대책

재배적 방제로는 병에 걸린 부위를 제거하여 불에 태우고 물 빠짐이 잘되게 관리한다. 그리고 질소질 비료를 적당히 시용하여 웃자람가지 발생을 방지한다. 약제 방제는 낙화 후부터 봉지 씌우기까지 등록된 농약을 안전사용기준에 맞춰 살포한다.

마 검은별무늬병(黑星病)

(1) 병원균

학명: *Cladodporium carpophium* Thumen

영명: Scab

일명: クロホシビョウ

불완전균으로 분생포자를 만든다. 분생포자는 대개 단세포이나 때로는 두 개의 세포인 경우도 있다. 분생자경은 1~2개의 격막이 있으며 담갈색으로 길이가 균일하지 않다. 완숙기의 포자 길이는 30~40μm이며 여러 개가 다발을 이룬다. 균사가 어릴 때는 무색이지만 시간이 지나면 세포막이 두꺼워져 올리브색으로 변한다.

(2) 병징 및 발생 생태

복숭아나무 검은별무늬병은 가지, 잎, 과실에 발생하는데 피해가 크게 나타나는 것은 과실이다. 병반이 합쳐져서 커지면 그 부분이 코르크화되어 과실이 비대하지 못한다. 이때 균열을 일으켜서 열과가 일어나고 과실은 상품가치가 없으며 부패하기도 한다. 잎에는 감염이 많지 않으나 묘목의 잎자루에 발병하는 경우 낙엽이 된다. 과실 병반은 처음엔 녹색의 원형 반점으로 시작하고 확대되면 2~3mm가 되며 흑녹색을 띤다. 병반 주위는 과실이 착색되어도 녹색을 띤다. 세균성구멍병과 혼동이 되는데 세균성구멍병은 병반의 색깔이 흑갈색이며 병반의 내부가 움푹 들어간다.

〈그림 56〉 검은별무늬병 피해 과실

병원균은 일년생 가지 병반에서 균사 상태로 월동하며 10℃ 이상에서 포자를 형성한다. 가지의 표피 조직에 환원당이 증가하면 병원균도 활동을 시작한다. 4월 하순에서 5월 중순에 병원균의 발달이 왕성하다. 포자 형성 최적 조건은 4월 하순에서 5월 중순경이다.

과실의 병반은 햇빛이 닿는 부분에 많이 발생하는데 이는 포자가 빗물에 의하여 과실 윗부분에 묻기가 쉽고 햇빛이 병원균의 잠복감염을 단축시키기 때문이다.

(3) 방제 대책

병의 방제를 위해서는 휴면기에 석회유황합제를 살포하고 감염이 증가하는 5~6월에 집중 방제를 실시한다.

바 흰날개무늬병(白紋羽病)

(1) 병원균

학명: *Rosellinia necatrix* Prillieux

영명: White root rot

일명: シロモンバビョウ

자낭균의 일종으로 자낭세대와 불완전세대가 알려져 있으나 자연 상태에서나 인공배지에서 자낭각의 관찰은 쉽지 않다. 초생균사의 색깔은 백색이나 후에 회갈색 또는 녹회색으로 착색되며 균사의 직경은 8.7~11.5μm 정도이다. 균사는 격막을 가지고 있으며 격막 부위가 특이하게 서양배 모양으로 팽창되어 있는데 이것이 이 병원균의 중요한 특징이다. 분생포자병은 칼 모양으로 처음에는 백색이나 곧바로 흑갈색로 착색되며 길이는 1~2mm, 폭은 40~300μm 정도이다. 선단에 분생포자가 착생하며 타원형~난형으로 무색, 단포이고 크기는 4.5×3.0μm 정도이다.

(2) 병징 및 발생 생태

피해를 받은 나무의 뿌리는 흰색의 균사로 싸여 있으며 이 균사막은 시간이 지나면 회색 또는 검은색으로 변한다. 굵은 뿌리의 표피를 제거하면 목질부에 흰색 부채 모양(백문우)의 균사막과 실 모양의 균사 다발을 확인할 수 있다. 목질부까지 부패시키므로 병의 증세가 심하게 나타난다.

흰날개무늬병은 토양 수분이 충분한 토양 조건에서 생육이 왕성하다.

부숙되지 않은 전정가지와 같은 거친 유기물을 사용하면 병원균이 증식하여 날개무늬병의 발생이 급격히 증가하게 된다. 이 병은 토양 및 나무 조건과 깊은 관계를 가지고 있으며 새로 개간한 곳보다 오래된 과원에서 발생이 많다.

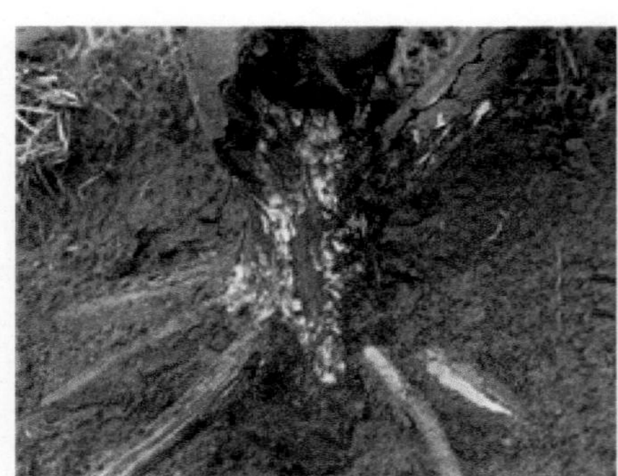
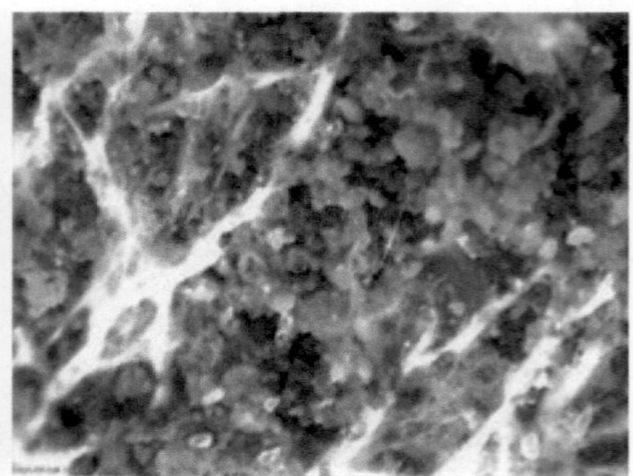

〈그림 57〉 복숭아 흰날개무늬병(피해 뿌리)

(3) 방제 대책

과원을 새로이 조성할 때는 식물체의 뿌리나 잔재를 제거한 다음 토양 소독을 실시한다. 묘목에 병원균이 묻어서 옮겨지는 경우가 많으므로 묘목을 심기 전에 반드시 침지 소독을 실시한 후 재식한다. 적절한 나무 세력 관리를 위하여 유기물 사용량을 늘리고 배수 및 관수관리를 철저히 하여 급격한 건습을 피해야 한다. 강전정, 과다 결실, 과도한 건조를 피하고 부숙퇴비를 사용하는 것이 중요하다.

전정가지를 잘게 부숴 유기물로 사용하는 것은 토양 병원균의 생존을 도와 오히려 토양 병해 발생을 조장할 수 있으므로 흰날개무늬병 발생이 있는 밭에서는 이를 지양하는 것이 좋다.

사 역병(疫病)

(1) 병원균

학명: *Phytophthora cactorum* (Leb. & Cohn) Schroet.
영명: Phytophthora rot
일명: エキビョウ

크로미스타계의 난균에 속하는 유주자를 형성하며 운동성이 있는 반수생성균으로 물속에서 증식하며 물을 따라 전파된다. 기주 범위가 넓어 거의 모든 과수에 병을 일으키며 이 병원균은 많은 난포자를 형성하여 병든 식물체의 조직이나 땅속에서 수년간 생존할 수 있다. 병원균의 발육 온도는 10~30℃이며 발육 최적 온도는 25℃ 정도인데 35℃ 이상의 고온에서는 오래 생존하지 못한다.

(2) 병징 및 발생 생태

복숭아 역병균은 잎, 신초, 과실 등 모든 부위에 침입하여 병을 발생시키나 줄기에는 발생이 흔하지 않은 편이다. 주로 지면과 가까운 땅 쪽 방향의 과실이나 잎에서 발생이 시작된다. 과일에는 갈색의 큰 병반이 희미하게 퍼지는데 비교적 단단하며 병든 과실은 쉽게 떨어지고 약한 알코올 냄새를 풍기기도 한다.

병원균은 주로 토양에 존재하지만 지표면에 존재하던 병원균이 비바람에 의하여 공기 중으로 쉽게 전파되어 지상부에도 병을 발생시킨다. 병원균은 물속에서 증식 및 전파되며 장마철 비바람에 의해 먼 거리까지 쉽게 이동되어 크게 발생한다. 과실의 병든 부위는 알맞은 온도와 습도가 주어지면 병반에 유주자낭이 형성되어 2차 전염원이 된다. 장마가 오래 계속되는 해에 많이 발생하고 늦은 봄과 이른 가을에 피해가 크며 한여름에는 진전이 억제된다. 습하고 물 빠짐이 나쁜 토양에서 발생이 심하며 한번 발생하면 방제가 매우 어렵다.

(3) 방제 대책

나무의 낮은 위치에 달린 과실이 감염되기 쉬우므로 낮은 가지에는 과실이 달리지 않도록 하고 봉지 씌우기를 한다. 토양에 서식하고 있는 역병균이 빗물에 의해 줄기, 과실에 튀어 오르지 못하도록 지표면에 풀이나 기타 피복재료를 깔아 주어 병원균의 비산을 억제한다. 물 빠짐이 나쁜 땅에는 재식을 피하고 물 빠짐이 좋도록 하며 과수원이 침수되지 않도록 관리한다.

아 줄기마름병(胴枯病)

(1) 병원균

학명: *Leucostoma persoonii* (Nitschke) Togashi, *Phomopsis* sp.

영명: Canker

일명: ドガレビョウ

*Leucostoma persoonii*균의 발육 온도는 5~37℃이고 최적 온도는 28~32℃이며 포자의 발아 적온은 18~23℃이다. *Phomopsis*균은 각각 타원형과 낚시바늘 모양의 포자 2종류(α포자, β포자)를 형성하는 것이 특징이다.

(2) 병징 및 발생 생태

줄기에 발생하는 병으로 *Leucostoma persoonii*균에 의한 병징은 피층부가 갈변되어 부풀어 오르고 심하면 알코올 냄새가 나기도 한다. 오래된 병반에서는 솟아오른 검은색의 작은 점이 형성되고 가지가 죽게 된다. *Phomopsis*균에 의한 병징은 처음에는 줄기에 작은 갈색 반점이 나타나고 진전되면 다양한 크기의 갈색 병반이 형성되며 주로 약한 줄기나 잔가지에 발생한다. 병원균은 상처를 통해 침입하며 처음에는 껍질이 약간 부풀어 오르나 여름~가을에 걸쳐 마르게 되고 피해 나무는 겨울을 난 후 심하면 말라 죽는다. 세력이 약한 나무, 수령이 많은 나무에 강전정을 할 경우 또는 병해충 및 바람과 추위에 의해 피해를 받아 나무 세력이 약해진 경우에 발병이 심하다. 병원균은 피해를 받은 나무의 조직 속에서 겨울을 난 후 다음해에 계속 발생한다. 오래된 나무에서는 피해 부위에서 버섯 같은 것이 생기기도 한다. 병반은 봄과 가을에 확대되고 여름에는 일시 정지한다.

(3) 방제 대책

세력이 약한 나무에 많이 발생하므로 세력 관리에 주의하며 강전정을 피한다. 추운 지역에서는 동해와 가뭄 피해를 받지 않도록 주의하며 피해 가지는 발견 즉시 제거한다. 휴면기 및 수확 후에 석회유황합제를 살포하며 약액이 가지나 주간에 충분히 묻도록 한다.

자 흰가루병(白粉病)

(1) 병원균

학명: *Sphaerotheca pannosa*
영명: Powdery mildew

본 병원균은 자낭각과 분생포자를 형성한다. 발생 최적 온도는 17~25℃이며 습도가 낮은 경우 병이 주로 발생하지만 습도가 높을 때도 발생한다.

(2) 병징 및 발생 생태

5월 하순부터 6월 상순 사이 복숭아 과실 표면에 밀가루를 뿌린 듯한 형태로 흰색 곰팡이가 발생한다. 병이 진전될수록 흰색 반점이 커지면서 중심 부분은 옅은 갈색으로 변색하기 시작한다. 심하게 발생할 경우 과실 하나에서도 여러 부위에서 흰가루 증상이 발생하여 과실 대부분을 균사로 덮어 버린다.

일반적으로 기주식물에서 월동이 가능하고 기온이 상승함에 따라 균사체가 식물체로 침입하여 증식하면서 분생포자를 만들어 1차 전염원이 된다.

(3) 방제 대책

수세 관리를 철저히 하며 비료를 과하게 사용하지 않는다. 봉지 씌우기 전 병든 과실은 보이는 즉시 제거하여 2차 피해를 예방한다. 복숭아 흰가루병 방제용 살균제를 농약 안전사용기준에 맞춰 살포한다.

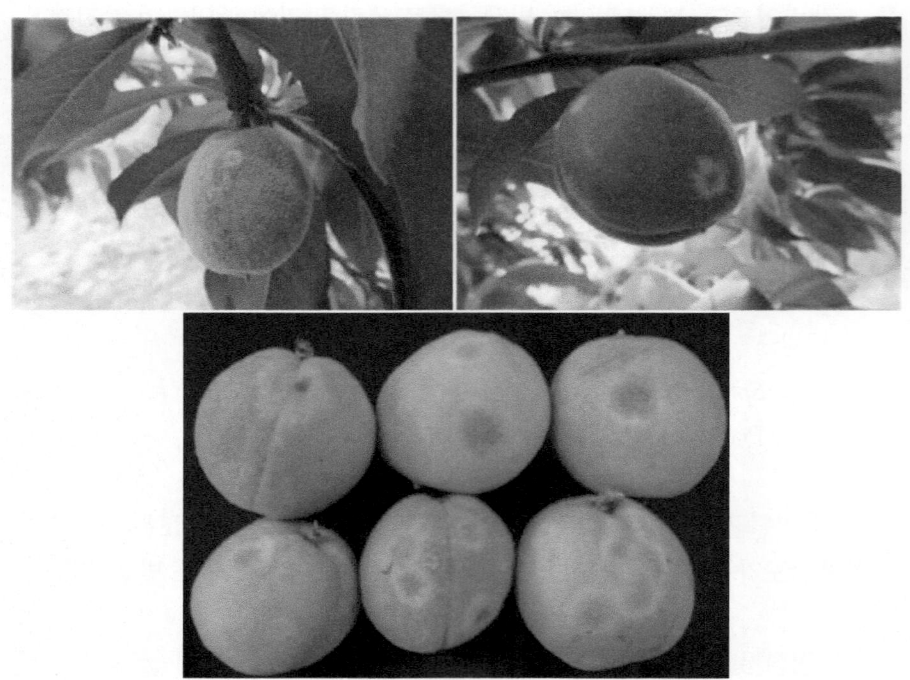

〈그림 58〉 복숭아 흰가루병 피해

차 줄기썩음병(胴腐病)

(1) 병원균

학명: *Botryosphaeria dothidea*

영명: Canker, Die-back

(2) 병징 및 발생 생태

줄기에 발생하는 병으로 원인균은 *Botryosphaeria dothidea*이다. 이 병원균은 사과나무, 배나무 등에서 겹무늬썩음병(부패병) 혹은 겹무늬병으로 보고되어 있으며 주로 줄기나 과실에 발생한다. 복숭아나무에서는 지재부가 썩어 있는 경우가 많으며, 집중 호우나 배수 불량으로 과습할 경우에 발생한다.

주요 피해는 복숭아나무의 수세가 약해지면서 잎이 떨어지고, 과실이 잘 자라지 못한다. 나무의 줄기에 붉은빛의 수액이 줄기를 타고 흘러내리며, 지재부 내부가 썩어 갈변된다.

(3) 관리 방안

줄기썩음병의 발생은 주로 물 빠짐이 좋지 않거나, 지재부가 과습한 상태에서 많이 발생하므로 나무 밑을 되도록 건조하게 유지하고, 과습되지 않게 관리하는 것이 필요하다. 줄기썩음병에 심하게 감염된 나무는 뿌리까지 굴취하여 제거하고 월동 병원균까지 제거해야 한다.

〈그림 59〉 줄기썩음병 피해

복숭아 재배

02 해충 생태 및 방제

Growing Peaches

가 복숭아심식나방 (*Carposina sasakii* Matsumura) Peach fruit moth, モモシンクイガ

(1) 형태

성충은 몸길이가 7~8mm이고 앞날개는 회백색이다. 알은 직경 0.3mm 정도의 약간 납작한 원형이고 적색이며 한쪽 부분에 가시 같은 돌기가 나 있다. 유충은 방추형이고 몸은 구리색이나, 사과나 배를 먹은 것은 몸 빛깔이 엷고 복숭아나 대추를 먹은 것은 진한 경향을 보인다. 다 자라면 12~15mm가 된다. 번데기는 길이 8mm 정도의 방추형 고치 속에 들어 있으며 처음에는 엷은 황색이나 점차 검은색이 짙어진다.

〈그림 60〉 복숭아심식나방(성충)

(2) 피해 증상

유충이 과실 내부를 뚫고 들어가 마구 헤치고 다니며 먹어 치운다. 복숭아의 경우 기형과가 되지 않아 겉으로 표시 나지 않는 경우가 많으나 과실 내부가 배설물로 심하게 오염된다. 부화 유충이 뚫고 들어간 구멍은 바늘구멍만한 크기로 여기에서 진액이 흘러 나와 굳는다. 노숙 유충이 뚫고 나온 자리는 송곳으로 뚫은 듯이 보이고 배설물을 배출하지 않는다.

(3) 발생 생태

대부분 연 2회 발생하나 일부는 1회 또는 3회 발생하는 등 일정하지 않다. 노숙 유충으로 땅속 2~4cm에서 원형의 고치를 짓고 월동한다. 5~7월 겨울고치에서 나온 유충은 지표면 가까이서 방추형 여름 고치를 짓고 번데기가 된다. 제1회 성충은 6월 상순에서 8월 상순 사이에 발생하며 2회 성충은 7월 하순~9월 상순에 발생한다. 복숭아 과원에서 성충 발생 최성기는 6월 하순에서 7월 상순, 8월 중순경이다.

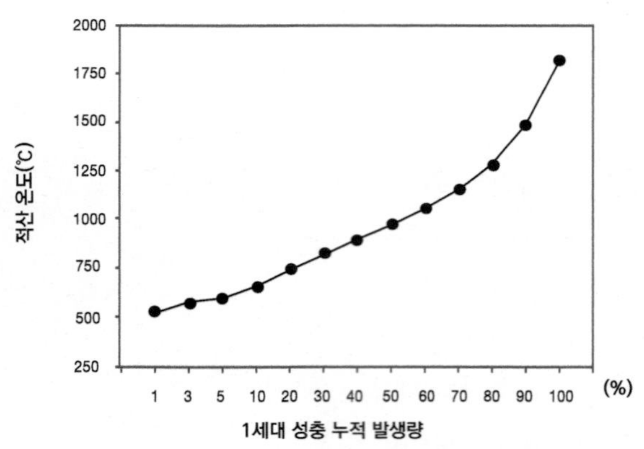

〈그림 61〉 복숭아심식나방 1세대 성충 발생량과 적산 온도와의 관계

8월 중순 이전에 과실에서 탈출한 유충은 지면에 떨어져 여름형 고치를 짓고 2화기에 발생하며 8월 중순 이후에 탈출한 개체는 모두 월동에 들어간다. 월동 중인 유충은 토양 평균 온도가 7.6℃ 이상 되면 발육(발육 영점 온도 =7.6℃)을 시작한다. 3월 1일부터 7.6℃ 이상의 적산 온도가 약 530이 되는

날이 성충 초발생일이고 30% 발생일은 830, 50%는 970, 90%는 1,500 정도가 된다. 복숭아심식나방 유충의 생존율은 과종 및 품종 그리고 과실 침입 시기에 따라 다르다. 조생종의 경우는 6월 중순에서 7월 중순 산란한 알이 과실 내부에서 생존 가능하나 만생종에서는 거의 생존하지 못한다. 복숭아심식나방의 발육 기간은 25℃ 조건에서 알 7.4일, 유충 18.4일, 번데기 11.6일이며 성충 수명은 10.2일이고 약 130개의 알을 낳는다.

(4) 방제

가. 관행 방제

제1화기 성충 발생이 6월 상순경이므로 산란 후 알이 부화하여 과실에 침입하기 전인 6월 중순부터 10일 간격으로 2~3회 전문 약제를 살포하고 2화기 때는 8월 중순부터 10일 간격으로 1~2회 살포하는 것이 효과적이다.

표65 복숭아심식나방 산란시기에 따른 과실 내 유충 생존율

기주식물	산란 시기(월. 일)					
	6. 15~25		7. 5~12		8. 7~14	
	알 부화율	유충 생존율	알 부화율	유충 생존율	알 부화율	유충 생존율
사과 '후지'	84.4	0.0	91.4	1.9	85.03	23.81
복숭아 '창방조생'	82.68	43.90	-	-	-	-
복숭아 '백도'	85.71	4.76	-	-	-	-

표66 복숭아심식나방 발육 기간 및 산란 수

온도(℃)	발육 기간(일)			성충 수명 및 산란 수		
	알	유충	번데기	수명(일)	산란 전 기간(일)	산란 전 기간(일)
15	20.5	38.0	40.5	25.2	12.7	9.7
20	10.8	26.0	20.3	18.7	5.0	153.0
25	7.4	18.4	11.6	10.2	3.2	131.0
30	5.5	15.8	9.9	13.0	4.3	106.0
35	6.5	-	53.3	6.6	5.5	13.2

나. 적산 온도를 이용한 예찰 방제법

복숭아심식나방 1세대 성충의 발생 시기는 토양 5cm 깊이까지 평균 온도를 이용하여 적산 온도를 계산해 예측할 수 있다. 성충 초발생일은 3월 1일부터 토양 평균 온도에서 7.6℃ 이상을 계속 누적하여 적산 온도가 530이 되는 날이다. 복숭아심식나방 성충 초발생일이 확인되면 이때부터 평균 대기 온도에서 11.6℃ 이상 온도를 누적하여 방제 적기를 추정할 수 있다. 복숭아심식나방 발생 정도와 과수 품종에 따른 적기 방제 시기는 (표 67)과 같다.

표67 적산 온도에 따른 복숭아 품종 및 발생 정도별 적기 방제 시기

<table>
<tr><th rowspan="2">적산 온도 (℃)</th><th colspan="3">방제 요령</th><th rowspan="2">비고</th></tr>
<tr><th>숙기</th><th>발생 정도</th><th>약제 살포 구분</th></tr>
<tr><td>140</td><td>조생종</td><td>다발생 지역</td><td>1차 살포</td><td rowspan="7">1세대 전기 방제</td></tr>
<tr><td>180</td><td>조생종</td><td>중발생 지역</td><td>"</td></tr>
<tr><td rowspan="3">320</td><td>조생종</td><td>소발생 지역</td><td>"</td></tr>
<tr><td rowspan="2">만생종</td><td>중다발생 지역</td><td>"</td></tr>
<tr><td>다발생 지역</td><td>2차 살포</td></tr>
<tr><td rowspan="2">340</td><td>만생종</td><td>소발생 지역</td><td>1차 살포</td></tr>
<tr><td>조생종</td><td>중발생 지역</td><td>2차 살포</td></tr>
<tr><td>780</td><td>만생종</td><td>야생 기주로부터 침입 우려가 있는 지역</td><td>약제 살포 (피해 심한 지역은 적산 온도가 660인 날에 1차 살포, 840인 날에 2차 살포)</td><td>1세대 후기 방제</td></tr>
</table>

다. 페로몬 트랩을 이용한 적기 방제

페로몬 트랩에 유인된 개체 수를 바탕으로 방제 시기를 결정할 수 있다. 트랩조사 기간 동안(5~10일간) 유인되어 죽은 개체 수와 그 당시의 평균 온도에 따라 예상 피해 과율을 예측하여 방제한다.

표68 **온도 및 유살 성충 수[1]에 따른 복숭아심식나방 예상 피해과율**

온도(℃)	예상 피해과율(%)						
	0.3	0.5	1.0	1.5	2.0	2.5	3.0
15	40	73	120	–	–	–	–
18	6	12	22	34	46	58	72
21	3	6	12	16	22	28	35
24	3	5	10	15	21	26	31
26	3	6	12	18	25	31	39
27	4	6	13	20	28	35	43
30 이상	6	9	19	30	40	52	64

1 성충 수 = 트랩 유살 수 ÷ 0.56

나 복숭아순나방 (*Grapholita molesta* (Busck)) Oriental fruit moth, ナシヒメシンクイ

(1) 형태

성충은 수컷의 길이가 6~7mm이고 날개를 편 길이가 12~13mm인 작은 나방이다. 머리는 암회색의 채찍 모양이고 겹눈은 크고 흑색이며 그 주변은 회색이다. 앞날개는 암회갈색이고 잎가를 따라 13~14개의 회백색 사문이 있다. 암컷의 경우 길이가 7mm 정도이고 날개를 편 길이가 13~14mm 정도로 수컷에 비하여 배가 굵고 배 끝에 털 무더기가 없으며 뾰족하다. 알은 납작한 원형이고 알 껍질에 점무늬가 빽빽이 나 있다. 부화 유충은 머리가 크고 흑갈색이며 가슴과 배는 유백색이다. 노숙 유충은 도황색이고 머리는 담갈색이다. 몸 주변을 따라서 암갈색 얼룩무늬가 일렬로 나 있다. 번데기는 겹눈과 날개 부분이 진한 적갈색이고 배 끝에 7~8개의 가시털이 나 있다.

(2) 피해 증상

복숭아순나방은 4~5월에 1화기 성충이 발생하여 복숭아나무의 새 가지, 잎 뒷면에 알을 낳는다. 유충이 새가지의 선단부를 먹어 들어가므

〈그림 62〉 복숭아순나방 성충과 피해 가지

로 피해 받은 새가지는 선단부가 말라 죽으며 진과 똥을 배출하므로 쉽게 발견할 수 있다. 어린 과실의 경우는 꽃받침 부분으로 침입하여 과심부를 갉아 먹어 피해를 주며 다 큰 과실에는 열매자루 부근에서 먹어 들어가 과피 바로 아래의 과육을 갉아 먹는 경우가 많다. 바깥으로 가는 똥을 배출하는 점에서 다른 심식충류와 구별할 수 있다. 복숭아 잎을 과실에 붙인 다음 피해를 주는 경우가 많다.

(3) 발생 생태

연 4~5회 발생하며 노숙 유충으로 거친 껍질 틈이나 남아 있는 봉지 등에서 고치를 짓고 월동한다. 1회 성충은 4월 중순~5월, 2회는 6월 중하순, 제3회는 7월 하순~8월 상순, 4회는 8월 하순~9월 상순에 발생한다. 일부는 9월 중순경에 5회 성충이 나타나나 7월 이후에는 세대가 중복되어 구분이 곤란하다. 1~2화기는 주로 복숭아, 자두, 살구 등의 새가지나 과실에 발생하며 3~4회 성충은 사과와 배의 과실에 산란하여 해를 끼친다. 발육기간은 25℃ 조건에서 알 4.1일, 유충 12.5일, 번데기(용) 8.0일이다.

(4) 방제

가. 관행 방제

봄철 거친 껍질을 벗겨 월동 유충을 제거하고 피해 과실은 따서 물에 담가 유충을 죽인다. 월동세대 성충이 빠른 경우 4월 중순, 평년의 경우에는 4월 하순부터 발생하여 새가지의 잎 뒷면에 산란하므로 부화한 유충이 새가지 내부로 먹어 들어가기 전에 방제하고, 알이 처음 부화하는 시기는 5월 상순경이므로 이때 잎 뒷면에 약액이 잘 묻도록 약제 방제한다. 2세대 성충 발생 최성기는 6월 중순경이고 이때부터 과실 피해가 많아지므로 발생 최성기인 6월 중순부터 약 10일 간격으로 2회 정도 방제한다. 중·만생종의 경우는 3세대 성충 최성기인 7월 하순경 방제한다. 최고 발생은 보통 복숭아 수확 후인 8월 중순부터 9월 상순 사이에 나타나므로 복숭아 수확 후 방제하거나 새가지 끝을 잘라 불태우면 월동 밀도를 낮출 수 있어 다음해 방제에 효과적이다.

표69 온도별 복숭아순나방 발육 기간

처리 온도 (℃)	발육 기간(일)			
	알	유충	번데기	알~우화
15	9.3	25.9	21.6	56.8
20	5.7	16.6	13.8	35.7
25	4.1	12.5	8.0	24.7
30	2.8	9.6	6.5	18.9
35	2.4	12.0	7.9	22.3

나. 예찰 방제

복숭아심식나방과 더불어 체계적으로 방제한다. (그림 63)은 복숭아 과원에서 복숭아심식나방과 복숭아순나방의 발생 소장이다. 즉 복숭아 과원에서 심식충류(복숭아심식나방, 복숭아순나방) 방제체계는 4~5에는 복숭아순나방 위주로 방제하고 6월부터는 복숭아심식나방을 위주로 하여 복숭아순나방을 동시 방제하는 전략을 사용한다.

기본 방제로 1차 방제는 복숭아순나방 1세대 알 발생 최성기인 214℃(일)이 되는 시기에 실시하고 2차 방제는 복숭아순나방 2세대 알 발생 최성기인 660℃(일)이 되는 시기에 실시하며 3차 방제는 복숭아심식나방 1세대 성충 최성기인 780℃(일)이 되는 시기에 복숭아순나방과 동시에 방제한다. 복숭아순나방 1세대 발생 시기와 알 발생

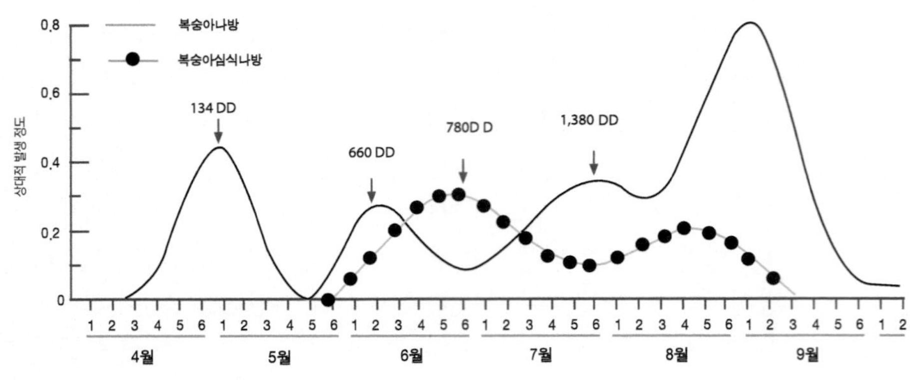

〈그림 63〉 복숭아심식나방 및 복숭아순나방의 발생 소장

시기는 적산 온도로 약 80℃(일)의 차이가 있으며 2세대부터는 성충 발생 시기와 알 발생 시기가 일치한다. 적산 온도는 3월 1일부터 8℃ 이상의 온도를 누적하여 계산하면 된다. 매년 심한 피해를 받는 농가에서는 1차 및 3차 방제 10~15일 후 추가 방제를 실시하여 발생 밀도를 낮춘다.

다 복숭아명나방 (*Conogethes punctiferalis* (Guéenée)) peach pyralid moth, *ノゴマダラノメイガ*

(1) 형태

성충은 길이가 15mm 정도이고 날개를 편 길이가 25~30mm이다. 가슴과 배에 흑색의 반점이 있고 앞날개에는 20개, 뒷날개에는 10개 정도의 흑색점이 있다. 알은 납작한 타원형으로서 유백색 내지 담홍색이다. 유충은 다 자랐을 때 길이가 25mm 정도이고 각 몸마디마다 흑색 점과 긴 털이 나 있다. 번데기는 약간 각이 진 긴 타원형이며 엉성한 회백색의 고치 속에 들어 있다.

〈그림 64〉 복숭아명나방(성충)

(2) 피해 증상

유충은 사과, 복숭아, 밤, 자두, 살구, 석류나무 등의 과실을 가해하며 과실에 침입한 큰 구멍으로 적갈색의 굵은 똥과 즙액을 배출하기 때문에 다른 심식충의 피해과와 쉽게 구별된다.

(3) 발생 생태

연 2회 발생하며 다 자란 유충은 고치 속에서 월동한다. 그 후 제1회 성충은 6월에 우화하여 복숭아 등의 과실에 산란하는데 1마리가 여러 개의 과실을 갉아 먹으면서 피해를 준다. 제2회 성충은 7월 하순~8월 상순에 우화하여 주로 밤나무를 가해하나 종종 과수원에도 침입하여 가해한다. 유충 기간은 20일 정도이고 번데기 기간은 10일 정도이다.

(4) 방제

5월 상순에 봉지 씌우기를 실시하고 피해를 입은 과실과 월동하는 유충을 모아 처분한다. 복숭아심식나방과 동시에 방제하도록 한다.

라 복숭아유리나방 (*Synanthedon bicingulata*)
Lesser peach tree borer, コスカシバ

(1) 형태

성충은 흑자색이며 날개는 투명하나 테두리만 흑색이다. 암컷의 배에는 2개의 황색 테가 있다. 다 자란 유충은 23mm 길이이고 몸은 담황색에 머리가 황갈색이다. 번데기는 16mm 정도이며 황갈색으로 배 끝에는 돌기가 있다.

(2) 피해 증상

유충이 나무 원줄기 부위의 거친 껍질 밑을 가해하여 껍질과 목질부 사이(형성층)를 먹고 다닌다. 가해 부위에서는 적갈색의 굵은 배설물과 함께 수액이 흘러나와 쉽게 눈에 띈다. 어린 유충에 의한 가해 부위에는 수액 분비가 적고 가는 똥이 배출되므로 잎말이나방류 피해로 오인하기 쉽다.

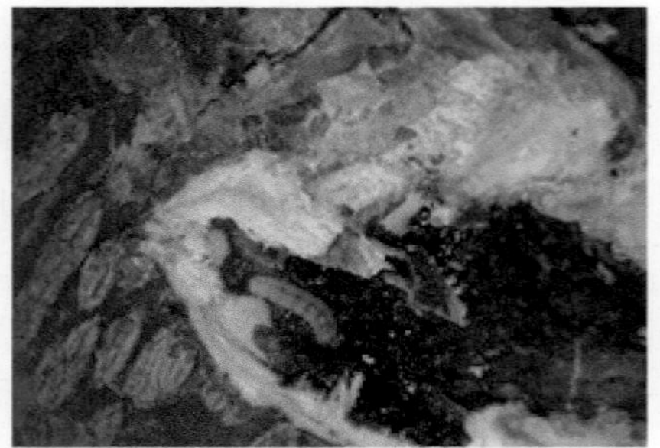

〈그림 65〉 복숭아유리나방 성충(♀)과 유충 피해

(3) 발생 생태

연 1회 발생하고 유충으로 월동하나 월동 유충은 어린 유충에서 노숙 유충까지 다양하다. 월동태가 노숙 유충일 경우 6월경에 성충으로 발생하고 어린 유충일 경우는 8월 하순경에 발생하므로 연 2회 발생하는 것처럼 보인다. 월동 유충은 보통 3월 상순경부터 활동을 시작하여 가해하는데 이때 어린 유충은 껍질 바로 밑에 있기 때문에 방제하기 쉬우나 성장할수록 껍질 밑 깊숙이 들어가기 때문에 방제가 곤란하다.

(4) 방제

가. 관행 방제

성충 발생에 따른 방제 적기는 6월 하순과 8월 하순경이지만 월동 기간 피해부를 관찰하여 월동하는 유충을 포살하는 것이 보다 효과적이다.

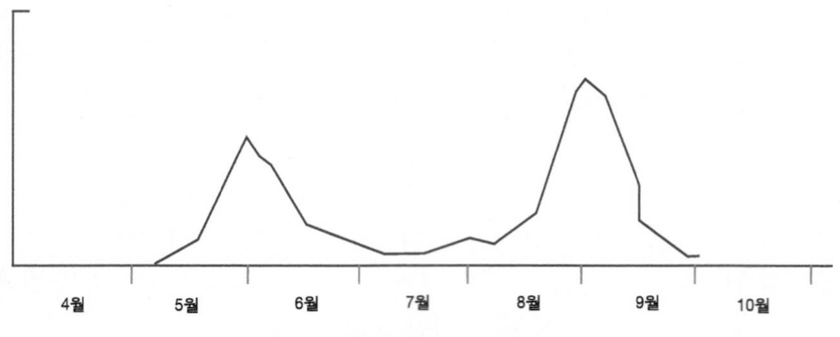

〈그림 66〉 복숭아유리나방 성충 발생 소장

나. 예찰 방제

3월 1일부터 과원과 가장 인접한 기상대의 온도 자료를 이용하여 적산 온도를 계산하면 발생 시기를 예측할 수 있다. 1차 성충 발생 최성기는 적산 온도가 350이 되는 시기이며 2차 성충 발생 최성기는 1,895가 되는 시기이다. 효과적으로 방제하기 위해서는 발생 최성기부터 10일 간격으로 1~2회 방제한다. 특히 수확 후 방제가 소홀한 2차 발생기에 적산 온도가 1,895가 되는 날 1회 적기 방제하고 발생이 많은 농가에서는 1회 방제 후 약 10일째에 2회 방제한다.

표70 복숭아유리나방 성충 2차 발생기 발생량과 적산 온도와의 관계

구분	발생량(%)										
	3	10	20	30	40	50	60	70	80	90	100
적산 온도(℃)	1,520	1,650	1,750	1,800	1,860	1,895	1,960	2,000	2,060	2,130	2,290

마 복숭아굴나방 (*Lyonetia clerkella* (Linnaeus))
Peach leafminer moth, モモハモグリガ

(1) 형태

성충의 체장은 3mm 가량이고 날개는 가느다란 작은 백색 빛 나방이다. 유충의 몸길이는 5~6mm가량으로 엷은 녹색을 띠며 번데기는 그물 모양의 백색 고치 속에 들어 있다.

(2) 피해 증상

유충이 엽육 속에 들어가 표피만 남기고 원형으로 갉아먹은 후 뱀이 다닌 것 같이 굴을 파면서 먹고 다닌다. 갉아 먹은 굴의 중앙 부분에 있는 똥은 검은 줄무늬가 되어 남는다. 원형으로 가해를 받은 부분은 후에 갈변하여 떨어져 구멍이 나므로 세균성구멍병 피해와 유사하다.

〈그림 67〉 복숭아굴나방과 피해 잎

〈그림 68〉 복숭아굴나방과 세균성구멍병 피해 잎 비교

(3) 발생 생태

연 5~7회 발생하며 성충 상태로 건물의 벽, 나무 껍질 틈 등에서 월동한다. 4월 중순경부터 교미·산란하며 5~6일 후에 부화하고, 유충은 3회 탈피하며 발육 기간은 약 10일이다. 노숙 유충은 표피를 찢고 나와 실을 내어 적당한 잎의 뒷면에 그네침대 모양의 고치를 짓고 번데기가 된다. 성충의 수명은 짧아서 3~5일 동안에 교미와 산란을 마친다. 수확 후 약제 살포가 중단될 때 많이 발생한다. 9~10월까지 발생을 계속하다가 성충 상태로 월동에 들어간다.

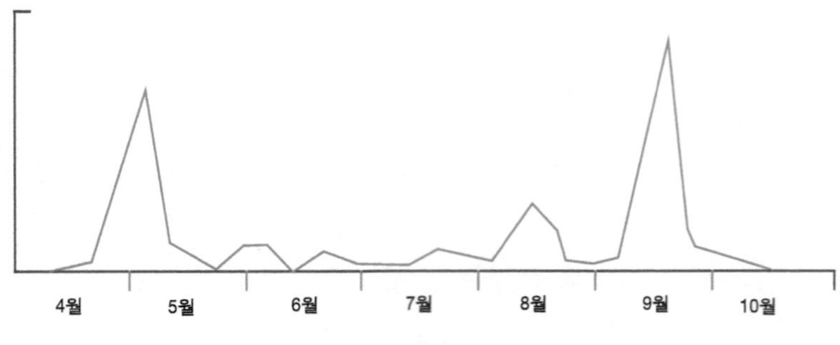

〈그림 69〉 복숭아굴나방 발생 소장

(4) 방제

유충이 잎 속으로 침입한 후에는 방제 효과가 떨어지므로 4~5월경 발생 초기에 약제를 살포한다. 7월 이후에 발생량을 조사하여 성충 발생 최성기를 전후하여 방제한다. 월동 성충이 이동하는 시기에 끈끈이 트랩을 이용하여 예찰할 수 있다. 매년 피해가 많은 과원에서는 월동 성충의 산란 시기에 방제한다.

바 뽕나무깍지벌레
(*Pseudaulacaspis pentagona* (TargioniTozzetti))
Mulberry scale, White peach scale, クワシロカイガラムシ

(1) 형태

암컷 성충은 등황색이고 수컷은 등적색이다. 암컷은 지름이 1.7~2.0mm이고 원형에 가깝지만 많은 개체가 중첩해서 기생할 때는 그 모양이 일그러져 보인다. 색깔은 백색~회백색이고 중심부가 높고 두껍다. 기주식물의 표피가 깍지 표면에 묻어 엷은 갈색을 띠기도 한다.

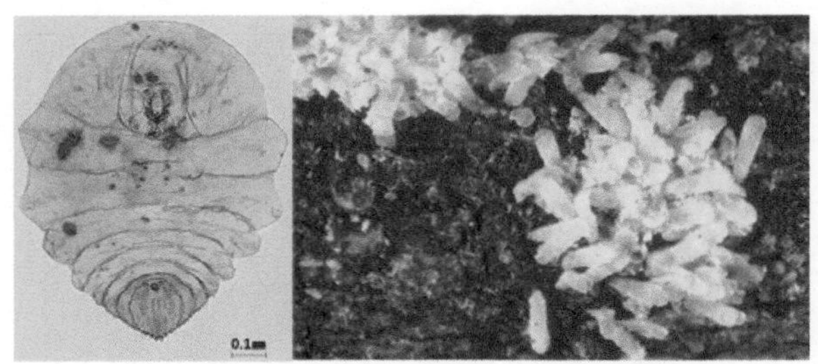

〈그림 70〉 뽕나무깍지벌레 성충(좌: 암컷, 우: 수컷)

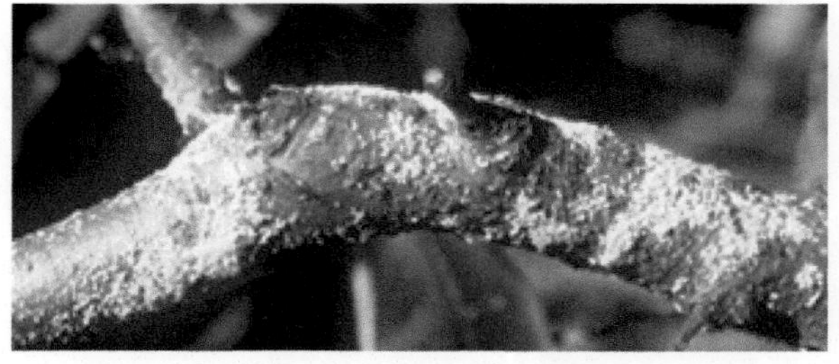
〈그림 71〉 뽕나무깍지벌레 피해 가지

(2) 발생 생태

연 3회 발생하고 성숙한 암컷으로 가지에서 월동한다. 월동 성충은 5월경 깍지 밑에 40~200개의 알을 낳는다. 5월 상순부터 부화 약충이 나타나 정착하면 밀랍을 분비하여 깍지를 만들기 시작하고 3회 탈피하여 성충이 된다. 1회 성충은 6월 하순, 2회는 8월 중순, 3회는 10월 상순경 발생한다. 갓 부화된 약충은 활발히 기어 다니며 숙주식물로 분산하지만 1회 탈피 후에는 고착생활을 한다. 수컷 성충은 날개가 있으나 날 수 있는 힘이 약하고 수명이 매우 짧아 24시간을 넘기지 못하고 죽는다. 반면 암컷은 잎이나 가지에 들러붙어 즙액을 빨아 먹으며 수명도 길다.

(3) 방제

월동기에 기계유 유제를 살포한다. 깍지를 만든 뒤에는 방제 효과가 매우 떨어지므로 알에서 부화해 나오는 시기 및 약충 활동기에 전문 약제를 살포한다(5월 상순, 7월 상순, 8월 중하순).

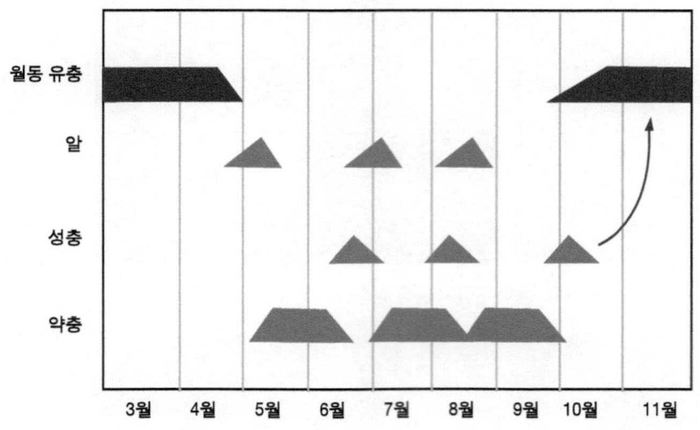

〈그림 72〉 뽕나무깍지벌레 생활사

사 공깍지벌레 (*Lecanium kunoensis* (Kuwana))

(1) 형태

암컷 성충은 길이가 4~5mm 정도로 갈색~농갈색이며 수컷 성충은 1.5mm 정도이고 날개가 있다. 알은 긴 지름이 0.3mm 정도이며 타원형으로 적갈색이다.

(2) 피해 증상

가끔 국부적으로 대발생하여 피해를 주는 경우가 있는데 주로 가지나 줄기에 기생하여 나무 세력을 쇠약하게 하고 나무를 말라 죽게 할 수도 있다. 진딧물과 같이 감로를 분비하여 그을음병을 유발한다.

〈그림 73〉 공깍지벌레 성충(좌, 수컷)과 깍지(우)

(3) 발생 생태

연 1회 발생하고 주로 3령 약충으로 월동한다. 4월 하순경부터 즙액을 빨아먹고 5월 중하순에 성충이 되며 이때 깍지는 구형이고 갈색이다. 산란기가 되면 깍지가 두껍고 단단하게 경화되며 빛깔도 진해진다. 월동 약충은 5월 하순~6월에 성충이 되어 깍지 내부에 수백 개의 알을 낳는다. 부화한 약충은 잎의 뒷면으로 이동하여 잎맥을 따라 흡즙하다가 낙엽 전에 가지로 돌아와 들러붙어 월동한다.

(4) 방제

월동기 기계유 유제를 방제하고 알이 부화하는 6월 상중순경 적기에 약제 방제한다.

아 가루깍지벌레 (*Pseudococcus comstocki* (Kuwana)) Comstock mealybug, クワコナカイガラムシ

(1) 형태

국내 과수에 발생하는 가루깍지벌레류는 가루깍지벌레, 버들가루깍지벌레, 온실가루깍지벌레, 귤가루깍지벌레 등 5종이 알려져 있다. 복숭아나무에서 발생하는 종은 아직 정확히 알려져 있지 않으나 가루깍지벌레가 발생되는 것으로 확인되었고 기타 다른 종도 발생될 것으로 보인다.

가루깍지벌레는 다른 깍지벌레와는 달리 깍지가 없고 부화 약충기 이후에도 자유로이 운동할 수 있는 특징이 있다. 성충은 길이가 3~4.5mm이고 타원형이며 황갈색으로서 백색 가루로 덮여 있다. 몸 둘레에는 백납의 돌기가 17쌍이 있으며 배 끝의 1쌍이 특히 길어 다른 가루깍지벌레와 구별할 수 있다. 수컷에는 1쌍의 투명한 날개가 있으며 날개를 편 길이가 2~3mm이다. 알은 길이가 0.4mm 정도이고 황색이며 넓은 타원형이다.

(2) 피해 증상

가해하면서 납 물질과 감로를 분비하기 때문에 줄기 및 과실 부분이 심하게 오염된다. 특히 감로에 그을음병이 생기면 과실 상품가치가 떨어진다. 복숭아에서는 열매자루 부분에 정착해 가해하면 조기에 낙과되는 경우가 있다.

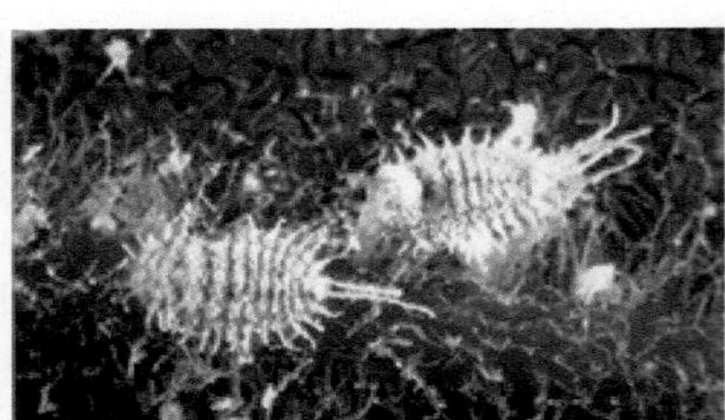
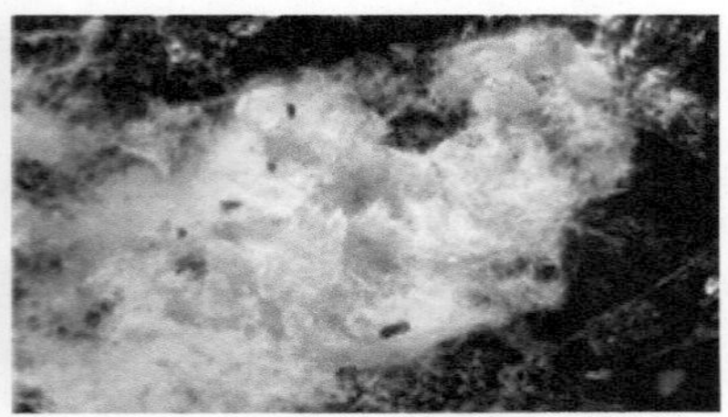

〈그림 74〉 가루깍지벌레 성충과 깍지

(3) 발생 생태

가루깍지벌레는 거친 껍질 밑에 봉지를 씌운 경우 봉지 속에 서식하기 때문에 방제가 어렵다. 알로 월동하고 5월 상순경 부화한다. 월동 알이 부화하는 5월 상순이 방제 적기이고 2세대 알이 부화하는 시기는 7월 상순경이다. 다른 종은 어린 벌레 상태로 거친 껍질 밑, 토양 속 뿌리 부분에서 월동한다. 이 경우 방제 적기는 4월 중하순, 6월 하순, 8월 상순경이 된다.

〈그림 75〉 가루깍지벌레 피해 가지와 과실

(4) 방제

월동기에 동공, 절단면 주위 등 거친 껍질을 긁어내고 기계유 유제를 살포한다. 성충의 경우는 납 물질로 싸여 있어 방제 효과가 떨어지므로 약충 부화기에 맞춘 적기 방제가 필요하다. 방제 적기는 월동한 알이 부화하는 5월 상순, 2세대 약충 발생기인 7월 상순 그리고 3세대 약충 발생기인 8월 하순경이다. 피해가 심한 과원은 전문약제가 원줄기 부위에 충분히 묻도록 살포한다.

진딧물류

(1) 복숭아혹진딧물(*Myzus persicae* (Sulzer))
Green peach aphid, モモアカアブラムシ

가. 피해 증상

주로 새가지나 새로 나온 잎을 흡즙하며 잎을 세로로 말아 위축시키고 신초의 생장을 억제한다. 5월 중순 이후에는 여름 숙주인 담배, 오이, 고추 등으로 이동하여 피해가 회복되는 경우가 많다.

나. 발생 생태

1년에 빠른 것은 23세대, 늦은 것은 9세대를 경과하며 복숭아나무, 자두나무의 겨울눈 기부에서 알로 월동한다. 3월 하순~4월 상순 부화한 간모는 단위생식으로 2~3세대 되풀이하면서 증식하다가 5월 상순경 유시충이 생겨 여름 숙주로 이동한다. 여름 기주에서 세대를 되풀이하다가 10월 중하순이 되면 복숭아로 돌아와서 11월까지 월동알을 낳는다. 월동 알은 3월부터 부화를 시작하여 3월 말까지 약 50%, 4월 상순까지 약 90%가 부화한다. 봄철 과수에서 이주 시기는 5월 상중순경이고 가을철 과수로 이동해 산란하는 시기는 11월 상순경이다. 생육기 암컷 한 마리는 약 50마리의 약충을 생산한다.

〈그림 76〉 복숭아혹진딧물 성충

다. 방제

월동 알 밀도가 높을 때는 동계 기계유 유제를 살포하거나 발생 초기에 진딧물 전문 약제를 1회 살포한다. 5월 이후에는 여름 숙주로 이동하고 각종 천적이 발생하므로 약제를 살포하지 않는 것이 좋다.

(2) 복숭아잎혹진딧물(*Tuberocephalus momonis* (Matsumura))

Peach aphid, モモコブアブラムシ

가. 피해 증상

잎 뒤에 무리지어 흡즙하면 잎가에서부터 안쪽으로 세로로 말린다. 말린 부분이 홍색으로 변색되고 두꺼워지며 단단해진다. 말린 부위 속에서 무리지어 가해하므로 천적이 들어가기 힘들고 약제도 도달하기 힘들다. 대발생할 경우 새가지를 따라 선단부까지 잎이 점차 말리므로 새가지 생장이 억제된다.

나. 발생 생태

가지의 눈 기부에서 알로 월동하고 4월 중순경 부화하여 복숭아 잎을 가해한 뒤 여름에는 확인되지 않은 중간 기주로 이주하여 여름을 보낸다. 피해를 받은 잎은 6월 하순에서 7월까지 관찰된다. 중간 기주에서 증식한 후 10월경에 날개 달린 성충이 복숭아나무로 돌아와 월동 알을 낳는다.

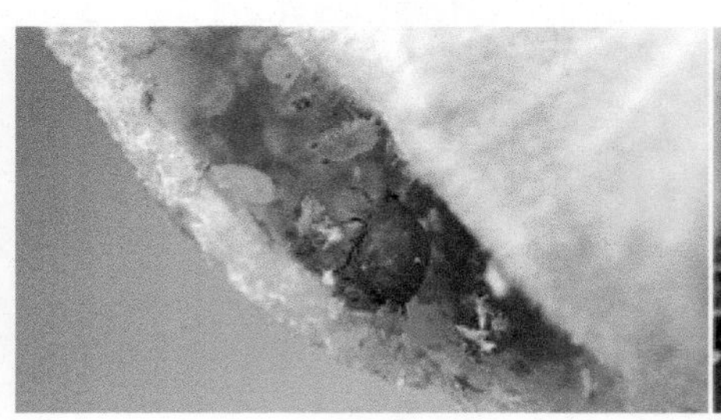

〈그림 77〉 복숭아잎혹진딧물 성충과 피해 잎

(3) 복숭아가루진딧물(*Hyalopterus pruni* Geoffroy)
Mealy plum aphid, モモコフキアブラムシ

가. 피해 증상

성충과 약충이 잎 뒷면에 기생하면서 즙액을 빨아 먹는다. 몸체가 흰 가루로 싸여있기 때문에 피해 잎은 흰 가루로 덮여있는 것 같이 보인다. 발생이 심할 경우 감로를 분비하기 때문에 그을음병을 유발시킨다.

나. 발생 생태

〈그림 78〉 복숭아가루진딧물의 날개 없는 성충

복숭아나무, 살구나무, 자두나무의 가지나 울퉁불퉁한 줄기 사이에서 알로 월동한다. 부화 약충은 기주의 눈에 모여 흡즙하다가 5월이 되면 잎 뒷면에 기생하여 번식한다. 6월이 되면 유시충이 나타나 억새, 갈대 등에 옮겨 갔다가 10월경에 다시 월동 기주로 옮겨와 암컷과 수컷이 교미 후 알을 낳는다.

차 나무좀류

(1) 서울나무좀(*Scolytus schevyrewi Semenov*)
Seoul bark beetle

가. 형태적 특징

성충은 4mm 정도이고 가슴부는 적갈색이며 날개는 흑갈색이다. 알은 0.8mm의 타원형이며 유충은 유백색이다.

나. 피해 증상

일반적으로 태풍 등의 피해로 쇠약해진 나무에 발생이 많으나 건전한 나무에도 피해를 준다. 성충과 유충이 수피 밑에 복잡하게 굴을 뚫고 다니며 갉아먹으므로 형성층 부분이 피해를 받고 목질부에도 지렁이가 다닌 것처럼 얕은 피해 흔적을 남긴다. 줄기의 표피에는 직경 2mm 정도의 구멍을 내므로 발견이 가능하다. 피해를 받은 나무는 세력이 점차 쇠약해지고 과실의 비대에도 지장을 주며 결국에는 나무가 말라 죽는다.

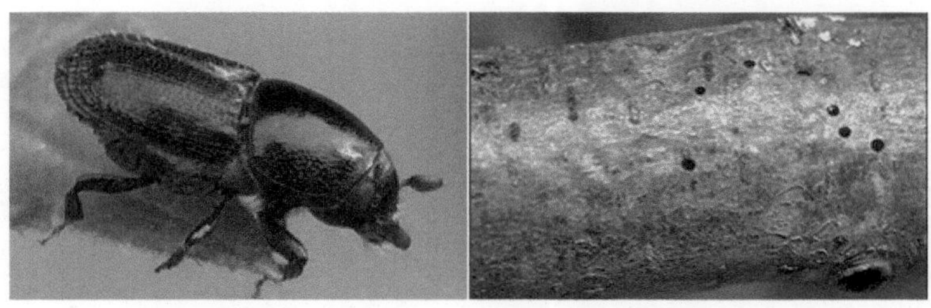

〈그림 79〉 나무좀과 침입 흔적

다. 발생 생태

연 1회 발생하며 유충 상태로 피해 줄기 속에서 월동한다. 성충은 5월 하순~8월에 걸쳐 발생하고 나무의 껍질 밑에 구멍을 따라서 수십 개의 알을 열을 지어 산란한다. 줄기 껍질을 완전히 뚫고 침입하는 경우와 껍질 부분만 뚫는 경우가 있는데 후자의 경우 수지가 나오고 피해 구멍으로는 배설물이 배출된다.

라. 방제

성충이 날아드는 침입 초기에 나무줄기와 가지에 충분히 묻도록 살충제를 살포한다. 비배 관리를 합리적으로 하여 나무 세력을 건전하게 유지하는 것이 피해 방지를 위해 중요하다.

(2) 자두애나무좀(섬나무좀) (*Scolytus japonicus* Chapuis)

가. 형태적 특징

성충은 몸길이가 2.5mm 내외이고 광택이 있는 흑색의 나무좀이며 앞날개의 기부만 갈색을 띤다. 수컷의 머리 앞부분은 함입되어 있으며 구부러진 황색털이 나 있고 암컷의 머리는 납작하며 긴 털이 드문드문 나 있다. 유충은 몸길이가 4mm 가량이고 담황색이며 머리는 광택이 있는 황갈색이다.

나. 피해 증상

주로 쇠약한 나무의 가지, 가는 줄기 또는 옮겨 심은 나무에 구멍을 뚫고 들어가 말라 죽게 한다. 성충이 꽃봉오리에 구멍을 뚫고 섭식하기도 한다.

다. 발생 생태

1년에 2회 발생하며 유충으로 기주식물의 피해부 갱도에서 월동한다. 4월경부터 번데기가 되며 5월 상순에 우화하는데 우화 후 잠시 그 자리에 머물러 있다가 구멍을 뚫고 탈출한다. 성충은 기주식물에 구멍을 뚫고 들어가며 6월 상순에서 7월 상순에 그 곳에 알을 낳는다. 부화 유충은 형성층을 먹으며 자라고 8월 중순에 번데기가 되며 8월 하순에 2회 성충이 발생한다. 2회 성충이 산란하면 부화하여 자라다가 월동에 들어간다.

(3) 기타 나무좀류

사과둥근나무좀(*Xyleborus apicalis* Blandford), 오리나무좀(*Xylososandrus germanus* Blandford), 생강나무좀(*Xyleborus mintus* Blandford) 등이 발생한다. 사과둥근나무좀은 가장 큰 종으로 몸길이가 3~4mm이며 오리나무좀은 2~3mm, 생강나무좀은 2mm 내외이다. 주로 4월 상순에서 5월 상순경 수세가 쇠약한 나무에 성충이 침입하므로 적기 방제한다.

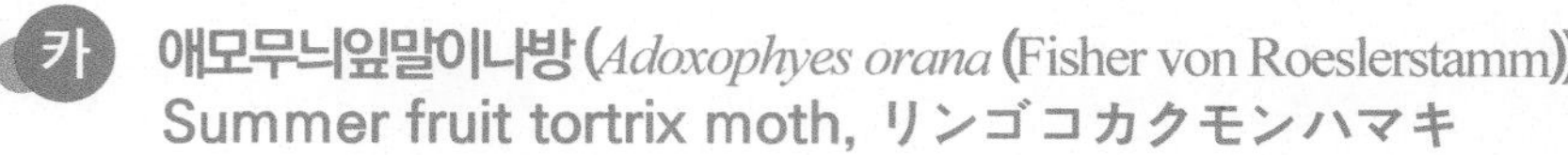

카 애모무늬잎말이나방(*Adoxophyes orana* (Fisher von Roeslerstamm)) Summer fruit tortrix moth, リンゴコカクモンハマキ

(1) 형태

성충은 길이가 7~9mm 정도이고 등황색 원형의 나방으로서 날개를 편 길이는 18~20mm 정도이다. 앞날개 중앙에 2줄의 연속된 선이 외각의 안쪽으로 평행하여 사선으로 되어 있으며 같은 빛깔로 된 다수의 가는 선이 그물 모양으로 배치되어 있다. 유충은 22~26mm 정도 크기로 머리는 황갈색이고 몸은 담황색~담록색이다.

(2) 피해 증상

봄철 발아기에 눈을 먹어 들어가 가해하고 꽃을 뚫어서 식해한다. 여름세대는 새가지 선단부 잎을 뚫거나 말고 식해하며 과실에 잎을 붙여 표면을 핥듯이 점점 가해한다. 특히 천도 품종에서 과실 피해가 많다.

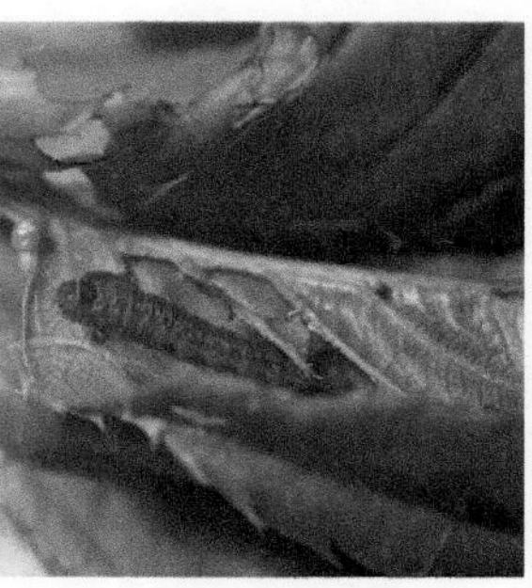

〈그림 80〉 애모무늬나방 성충과 유충

(3) 발생 생태

연 3~4회 발생하고 1~2령 유충으로 원줄기, 원가지 및 덧원가지의 거친 껍질 밑에서 월동한다. 월동한 어린 유충이 발아기 잠복처에서 나와 피고 있는 잎을 가해한다. 잎이 피면 잎을 세로로 말고 그 속에서 가해하는데 유충의 크기는 작지만 식욕이 왕성하다. 월동 유충에서 생긴 1세대 성충 발생 최성기는 6월 상순이고 2세대는 7월 중순, 3세대는 8월부터 9월 중하순경 나타난다.

(4) 방제

월동기에 원줄기, 원가지 및 덧원가지의 거친 껍질을 벗겨내어 태우고 기계유 유제를 살포하면 좋은 효과를 볼 수 있다.

예찰 방제를 위해서는 잎을 말고 들어가거나 유충이 성장하면 약제 효과가 많이 떨어지므로 개화 전에 방제를 한다. 각 세대별 유충 발생시기는 성충 발생 최성기로부터 약 1주일 후이며 성페로몬 트랩을 이용하여 성충 발생기를 예측할 수 있다.

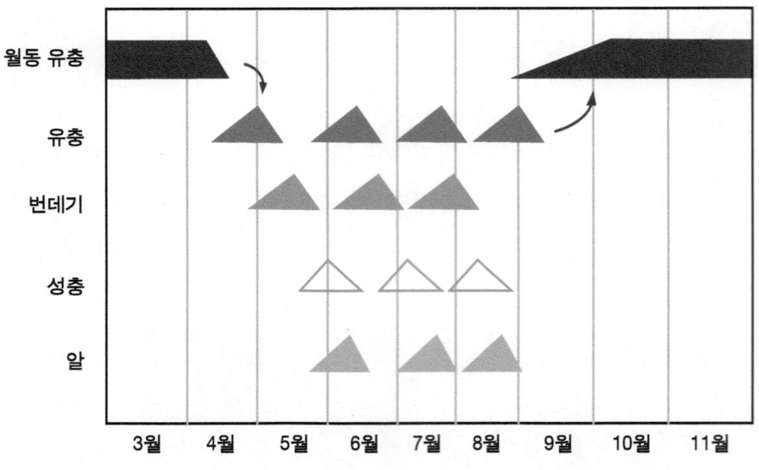

〈그림 81〉 애모무늬나방 성충과 유충

타 응애류

(1) 복숭아에 발생하는 응애 종류

복숭아에 발생하는 응애는 차응애(*Tetranychus kanzawai* Kishida, Tea red spider), 점박이응애(*Tetranychus urticae* Koch, Two-spotted spider mite), 사과응애(*Panonychus ulmi* Koch, European red mite) 등이다. 주로 점박이응애의 피해가 많고 지역에 따라 차응애가 발생한다.

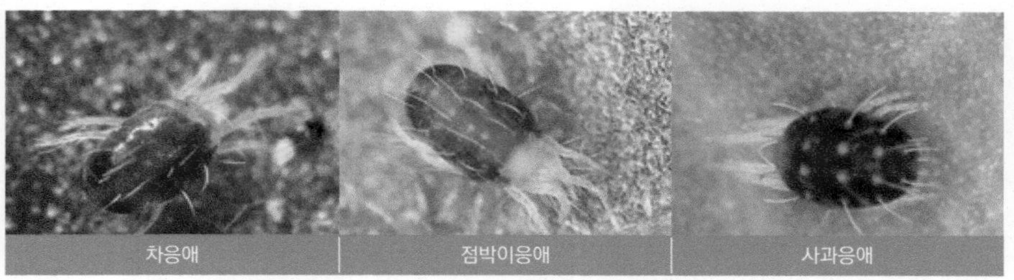

〈그림 82〉 복숭아나무에 발생하는 응애류

(2) 피해 증상

성충과 약충이 잎을 흡즙하여 흰 반점이 나타나거나 뒷면에 갈변 증상이 나타난다. 피해가 심한 경우 조기 낙엽되는 경우도 있다.

(3) 발생 생태

일반적인 발생 생태는 사과나 배 과원에서의 응애류 생태와 동일하다. 점박이응애, 차응애는 성충 상태로 나무의 거친 껍질 밑, 남아 있는 봉지 속, 잡초 등에서 월동한다. 반면 사과응애는 1~2년생 가지 기부 또는 눈 주위에서 알 상태로 월동한다. 연 10여 세대 발생하고 7월에서 8월 상순 고온기에 많이 발생한다.

〈그림 83〉 응애 피해를 받은 복숭아나무 잎

(4) 방제

천적에 해가 적은 약제를 잘 선택하여 살포하고 천적이 살 수 있도록 초생 재배를 하면 점박이응애는 문제되지 않는다. 약제 중 합성피레스로이드 계통이 천적에 가장 해로우며 초생 재배를 하면 잡초에 응애의 가장 중요한 천적인 이리응애류가 정착할 수 있다. 그러나 초생 재배를 하더라도 일시적으로 잡초를 제거하면 천적의 정착에 도움이 되지 않으므로 풀을 베는 경우에는 한 줄씩 엇갈리게 번갈아가며 실시하는 것이 좋다. 제초제를 살포하는 경우에는 잡초의 응애도 동시에 방제해야 한다. 천적이 정착하면 약제 방제가 필요없지만 천척의 역할이 미흡한 경우에는 보조적으로 농약을 살포하되 천적에 피해가 가지 않는 저독성의 농약을 선택해야 한다. 천적이 없는 상태에서 응애 성충 및 노숙 약충의 발생 밀도가 잎당 3마리 정도(응애가 발견되는 잎의 비율이 약 60%에 해당함)가 되면 약제를 살포한다.

파 흡수나방류(흡즙나방류)

(1) 종류

지금까지 대략 55종의 흡수나방류가 보고되어 있는데 이들은 가해 형태에 따라 2가지 종류로 구분할 수 있다. 첫째로는 1차 가해종으로서 이들은 직접 주둥이로 과실에 상처를 내고 흡즙하는 종류들이며 작은갈고리밤나방, 무궁화밤나방, 갈고리밤나방, 스투포사밤나방, 으름나방, 금칩우묵밤나방, 암청색줄무늬밤나방 등이 이에 속한다. 두 번째는 2차 가해종들로서 이들은 직접 과실에 상처를 내지는 못하고 1차 가해충이 상처를 내어 즙액이 나온 과실이나 다른 요인에 의하여 상처가 난 과실을 흡즙한다. 2차 가해종은 쌍띠밤나방, 태극나방, 까마귀밤나방, 배칼무늬밤나방, 흰줄태극나방 등이 있다.

(2) 발생 생태

보통 나방류 해충은 유충이 잎이나 과실을 가해하지만 흡수나방은 성충이 직접 과실을 가해한다. 성충이 직접 과실 표면에서 주둥이를 찔

러서 흡즙하므로 피해 부위가 스펀지화되며 2차적으로 병원균이 감염되어 썩게 된다. 흡수나방류 유충은 과원 주변 수풀 속에서 잡초나 수목을 먹고 자라다가 성충이 된 후 과실의 향기에 유인되어 과수원으로 날아오므로 발생 예측 및 방제가 매우 어렵다. 특히 비가 많이 내리는 경우 저기압이 형성되어 과실 향기가 공중으로 분산되지 않고 과원 내에 모이게 되므로 흡수나방이 유인되기 쉽다. 또한 산지 과원은 주변 야산에서 흡수나방이 날아오므로 특히 발생 예찰에 신경을 써야한다. 주로 야간에 활동하므로 밤에도 자주 과원을 살펴 발생 여부를 확인하고 낮에는 과실에 바늘로 찌른 것과 같은 흡수공이 있는지 확인해야 한다.

(3) 방제

유아등(10a당 18개, 황색 또는 청색) 설치, 유인 물질(막걸리+설탕+살충제)을 이용하여 유살시키는 방법이 있다. 가장 효과적인 방법은 10~15mm 정도의 나방 방충망을 설치하는 것이다.

하 기타 해충류

(1) 애무늬고리장님노린재(*Apolygus spinolae* Meyer-Dur)

가. 피해 증상

잎을 가해하는 경우 초기에는 흡즙한 부위의 세포가 죽어 바늘로 찌른 듯한 모양으로 갈변한다. 잎이 자라면서 흡즙 부위는 크게 구멍이 생기고 전체 잎은 너덜너덜해지거나 기형화된다. 과실을 흡즙하면 처음에는 털이 빠진 것같이 갈색으로 변했다가 후에 코르크화된다.

나. 발생 생태

휴면 중인 눈 속(포도, 복숭아, 벚나무 등)에서 알 상태로 월동하고 4월 중하순 부화한다. 첫 번째 성충은 5월 하순~6월 상순경, 2세대 성충은 6월 하순~7월 중순, 3세대 성충은 8월 중순에 나타난다.

8월 중순 이후에 1~2세대가 더 발생한다. 복숭아 피해 시기는 1세대 성충까지이다. 여름에는 과원 주변 다른 작물(감자, 가지 등)에서 서식하다가 10월 중순경 복숭아나무로 이동하여 월동 알을 낳는다.

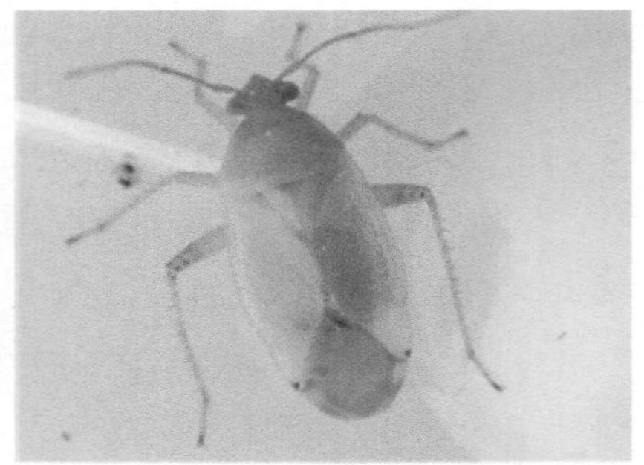

〈그림 84〉 애무늬고리장님노린재 성충

다. 방제

월동 알이 부화하여 어린 벌레 시기인 4월 하순에서 5월 상순에 적기 방제한다. 인접 기주식물에서 성충이 발생하여 침입하는 경우가 있으므로 5월 하순에서 6월 상순 예찰을 잘 하여 방제한다.

(2) 매미충류

가. 피해 증상

성충 및 약충이 잎을 흡즙하여 잎 표면이 바늘로 찌른 듯이 흰 반점이 생기고 심하면 하얗게 된다.

나. 두점박이애매미충(*Arboridia apicalis*)

연 3회 발생하며 성충 상태로 낙엽, 잡초, 나무껍질의 벌어진 틈 등에서 월동한다.

다. 춘천애매미충(*Arboridia suzukii*)

연 3회 발생하고 성충으로 월동한다. 두점박이매미충은 잎 전체를 먹지만 춘천애매미충은 주로 잎 가장자리를 흡즙한다.

라. 상제머리매미충(*Batracomorphus mundus*)

연 3회 발생하고 성충으로 월동한다. 잡초가 많거나 잡목림 부근의 과원에 많이 발생하므로 환경을 개선한다.

두점박이애매미충

상제머리매미충

〈그림 85〉 매미충

(3) 하늘소류

가. 피해 증상

성충이 가지를 물어뜯어 상처를 내고 그 안에 산란한다. 부화한 유충은 처음에는 껍질 밑 형성층을 가해하지만 나중에는 목질부 깊숙이 먹어 들어간다. 성장하면서 갱도를 만들어 뿌리와 가까운 원줄기까지 가해하고 10~20cm 간격으로 겉에 구멍을 내서 그곳으로 톱밥과 같은 나뭇조각을 배출한다. 복숭아유리나방보다 훨씬 더 많은 톱밥이 배출되고 나무 껍질 부위에는 파고 들어간 구멍이 보인다.

나. 발생 생태

알락하늘소, 뽕나무하늘소, 벚나무사향하늘소 등이 주로 발생한다. 모두 2년에 1회 발생하고 유충으로 나무줄기 속에서 월동한다. 1년째는 비교적 어린 유충으로 월동하고 다음해에 다시 가해하여 2년째는 노숙 유충으로 월동한다. 성충은 6~8월에 나타나서 나무줄기 또는 가지의 나무 껍질을 물어뜯고 그 속에 1개씩 알을 낳거나 거친 껍질 밑에 알을 낳는다.

〈그림 86〉 벚나무사향하늘소 성충과 유충

다. 방제

하늘소류의 피해가 우려되는 과원은 매년 9월부터 산란 부위를 찾아 제거하는 것이 좋다. 하늘소류는 가해하는 줄기에 구멍을 내고 많은 양의 톱밥을 배출하기 때문에 피해 부위가 쉽게 눈에 띈다. 따라서 봄철에 피해 상황을 자주 관찰하여 줄기 속에서 가해하는 애벌레를 철사로 찔러 죽이는 등의 방법으로 방제하여야 한다.

〈그림 87〉 벚나무사향하늘소 원줄기 피해

(4) 복숭아거위벌레(*Rhynchites heros* Roelofs)

가. 형태

성충은 주둥이 부분이 길고 몸길이 12~13mm로 짙은 자적색이며 광택이 나고 배 쪽으로 굽어 있으며 통통하다. 번데기는 땅속에 있으며 8mm가량이다. 알은 타원형의 회백색이고 유충은 굼벵이 모양이다.

〈그림 88〉 복숭아거위벌레 성충

나. 피해 증상

성충이 어린 눈, 잎, 꽃봉오리 및 과실에 구멍을 내며 식해하고 유충은 과실 속에서 가해하므로 낙과되기도 한다. 성충은 복숭아, 배, 사과 등의 어린 과실에 산란하고 열매자루나 그 부근의 작은 가지를 물어 끊어 놓는다.

다. 발생 생태

연 1회 발생하고 성충 또는 번데기로 땅속에서 월동하나 드물게는 성충으로 월동하기도 한다. 성충은 4월 하순부터 나와 새가지나 꽃봉오리를 가해한 후 교미하고 약 2주 경과 후 산란을 시작한다. 산란은 긴 주둥이를 사용해서 과실 표면에 구멍을 뚫고 거기에 1개씩 알을 낳아 끈끈한 액체로 덮는다. 알 기간은 약 10일이며 30여 일간 과실 속에서 가해한 뒤 노숙 유충이 된다. 그 후 탈피하여 땅속으로 들어가 고치를 짓고 그 안에서 여름을 지낸 뒤 9월에 번데기가 된다. 대부분은 번데기로 월동하는데 10월경에 성충이 되는 것은 그대로 이듬해 봄까지 월동한다.

(5) 진거위벌레(*Rhynchites coreanus* Kono)

성충은 과실이 붙어있는 연한 가지를 자르고 알을 낳는다. 새가지를 점점이 갉아먹기도 한다. 연 1회 발생하며 노숙 유충으로 땅속에서 월동한다. 성충이 어린 열매자루를 반쯤 자르고 과실에 작은 구멍을 뚫은 다음 그 속에 1개씩 알을 낳기도 한다. 부화 유충이 과실 안에서 가해하는 동안 열매자루가 부러져 낙과한다. 노숙 유충은 과실을 탈출하여 땅속으로 들어가 흙으로 집을 만들고 그 속에서 월동한다. 열매자루가 부러진 과실에는 알이나 유충이 들어 있으므로 이들을 모아서 처분한다.

(6) 복숭아꽃나방(*Telorta divergens* (Butler))

연 1회 발생하며 늦가을에 우화한 성충이 복숭아나무의 어린가지에 알을 무더기로 낳는다. 이듬해 봄에 부화한 유충은 부풀어 오르기 시작한 꽃봉오리를 뚫고 들어가 그 속을 먹어치우며 여러 개의 꽃이나 새눈을 폭식하므로 큰 피해를 줄 수 있다. 노숙 유충은 땅속에 엉성한 흙집을 짓고 여름잠에 들어간다. 살충제를 관행으로 살포하는 복숭아 과원에서는 문제가 되지 않으나 방제를 하지 않은 과원이나 야생복숭아에서 발견된다.

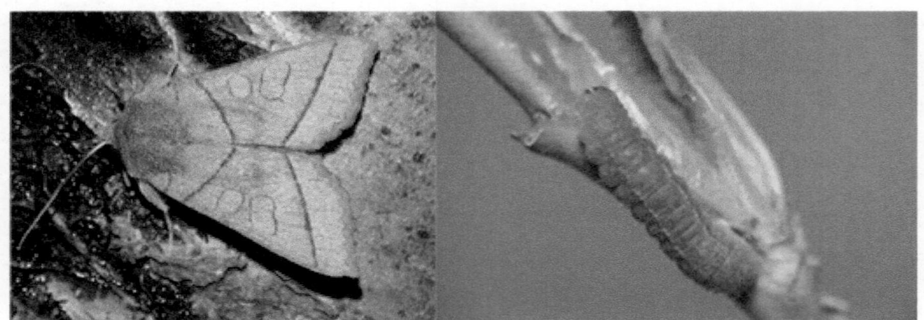

〈그림 89〉 복숭아꽃나방 성충과 유충

(7) 분홍등줄박각시나방 (*Marumba gaschkewitschii* (Bremer et Grey))

부화 유충은 잎 주맥에 정지하고 먹는 양도 적어서 눈에 띄지 않으나, 종령 유충은 80mm 정도로 커서 잎을 폭식하므로 발견하기가 쉽다. 또 지면에 검은색의 굵은 똥이 떨어지므로 이를 보면 알 수 있다. 성충은 연 2회 발생하고, 번데기 상태로 땅속에서 월동한다. 1회 성충은 5~6월에 나타나고, 2회 성충은 7~8월에 나타나 2mm 정도의 타원형 초록색 알을 산란한다. 이 알이 부화하여 6~8월과 8~10월에 잎을 식해한다.

〈그림 90〉 분홍등줄박각시나방 성충(좌)과 유충(우)

(8) 집게벌레류

복부 끝에 한 쌍의 집게가 달려 있는 것이 특징이다. 날개는 두 쌍이지만 없는 종도 있다. 앞날개는 짧고 혁질이며 날개 맥이 없고, 뒷날개는 막질이다. 작은 해충을 잡아먹는 육식성이거나 유기물을 먹는 부식성이다. 낮에는 나무 틈, 나무껍질 밑, 땅과 맞닿는 나무 부위 등 그늘진 곳에 숨어 있다가 야간에 나와 활동한다. 보통은 낙과된 과실이나 상처가 난 과실을 먹는다. 서늘하고 습한 조건을 좋아하기 때문에 봉지에 싸인 과실에 침입하여 과실 표면을 점점이 갉아 먹기도 한다. 성충은 봄과 초여름 두 차례 알을 낳는다. 햇빛과 바람이 잘 통하도록 하여 서식 환경을 없애는 것이 방제 대책이다. 썩지 않은 유기물을 비료로 시용하면 집게벌레가 땅과 맞닿는 나무 부위에 많이 발생해 나무 위로 이동하여 과실을 가해하게 된다.

〈그림 91〉 집게벌레 성충과 피해 과실

(9) 착과기 과실을 파먹는 밤나방류

밤나방류 유충이 착과기 과실을 갉아먹는 경우가 있다. 주요 종은 흰눈까마귀밤나방, 곧은띠밤나방, 가흰밤나방, 막대무늬밤나방 등이다. 과원 주변 숲에서 성충이 날아와 산란하므로 우발적으로 피해를 입지만 열매솎기로 유충을 제거할 수 있으므로 큰 문제가 되지 않는 경우가 대부분이다.

제 XII 장
시설 재배

1. 현황
2. 시설 재배의 효과
3. 입지 조건 및 하우스 구조
4. 재배 관리의 유의점

01 현황

Growing Peaches

우리나라의 복숭아 시설 재배는 1985년부터 원예시험장에서 연구를 수행하였고 그 결과 과실의 품질 향상과 경제적 소득 효과가 인정되어 1990년대 초반부터 시작되었다. 그러나 대부분 실패로 끝나 최근에야 몇몇 농가의 성공에 힘입어 다시 시작되고 있는 실정이다.

02 시설 재배의 효과

Growing Peaches

복숭아 조·중생종은 수확기가 장마철과 맞물려 품질이 우수한 과실을 생산하기 어렵고, 특히 조생종은 과실 특성상 크기가 작고 당도가 낮은 품종이 많아 소비자의 요구를 충족하기 어렵다. 그러나 하우스 재배를 하면 노지 재배에 비해 개화 시기가 빨라 수확기가 빠르고, 비를 차단함으로써 품질이 떨어지는 것을 방지할 수 있으며 늦서리 피해도 방지할 수 있어 안정적인 복숭아 생산이 가능하다.

무가온 재배 시 2월 5일에 비닐피복하면 노지 재배에 비해 26일, 3월 15일 피복한 경우에는 14일 정도 숙기를 촉진할 수 있으며 품종별로는 큰 차이가 없다. 가온 재배의 경우 '포목조생'은 38일, '사자조생'은 38일, '도백봉'은 38일 정도 숙기를 촉진할 수 있다.

표71 무가온 재배 시 숙기 촉진 효과

품종	피복 시기	만개기	착색기	숙기	촉진 효과
백미조생	2월 5일	3월 20일	5월 5일	5월 25일	26일
	2월 15일	3월 22일	5월 7일	5월 30일	21일
	3월 5일	3월 29일	5월 11일	6월 1일	17일
	3월 15일	3월 30일	5월 15일	6월 4일	14일
	노지	4월 12일	6월 1일	6월 20일	-
사자조생	2월 15일	3월 24일	5월 30일	6월 14일	19일
	3월 15일	3월 31일	6월 4일	6월 20일	13일
	노지	4월 15일	6월 16일	7월 3일	-
창방조생	2월 15일	3월 24일	6월 2일	6월 18일	20일
	3월 15일	3월 30일	6월 7일	6월 24일	14일
	노지	4월 14일	6월 20일	7월 8일	-

표72 가온 재배에 의한 품종별 숙기 촉진 효과

품종	개화기	성숙기	성숙소요일수	숙기촉진일수
포목조생	3월 6일	5월 18일~5월 27일	73일	38일
사자조생	3월 6일	5월 27일~6월 5일	82일	38일
도백봉	3월 6일	6월 16일~6월 20일	102일	38일
백봉	3월 7일	6월 16일~6월 21일	101일	34일

03 입지 조건 및 하우스 구조

Growing Peaches

복숭아 시설 재배는 많은 자본이 투자되기 때문에 실패할 경우 그만큼 경제적 부담이 크다. 따라서 시설 재배를 도입하려는 농가는 환경 조건 등을 충분히 고려한 후에 시작하는 것이 중요하다. 재배적 환경 조건으로는 일조량이 많고 온난한 지역이 유리하며, 겨울에서 이른 봄에 걸쳐 이상저온이 자주 찾아오는 지역이나 안개가 상습적으로 끼는 곡간 지역은 피하는 것이 좋다. 재배 여건상 주거지와 가까운 곳이 유리하고, 경사가 있는 곳은 난방 온도관리가 어려우므로 피하는 것이 좋다.

복숭아 하우스는 포도 하우스보다 높이가 높아야 하고 눈 또는 비바람에 견딜 수 있는 내재해성 구조가 바람직하다. 또 하우스 재배에서 환기를 하지 않을 경우 맑은 날에는 내부 온도가 40℃ 이상으로 상승하고, 야간에는 외부 온도보다 더 떨어지므로 고온장해와 생육 억제 등을 예방하기 위해서는 환기가 쉽고 보온력이 우수한 구조로 하우스를 설치하여야 한다. 그러나 하우스 설치는 비용이 많이 소요되므로 수형, 높이, 재식 거리 등을 감안하여 지역 실정에 맞게 설치하는 것이 좋다. 하우스의 형태는 1-2W형의 자동화 하우스를 기본 형태로 하는 것이 좋으며 하우스의 폭을 6~7m, 높이를 4.5m 내외로 하는 것이 바람직하다. 하우스 설계도는 농촌진흥청 홈페이지(www.rda.co.kr)의 기술정보 → 영농기술보급 → 시설표준설계도를 참조하도록 한다.

(단위: mm)

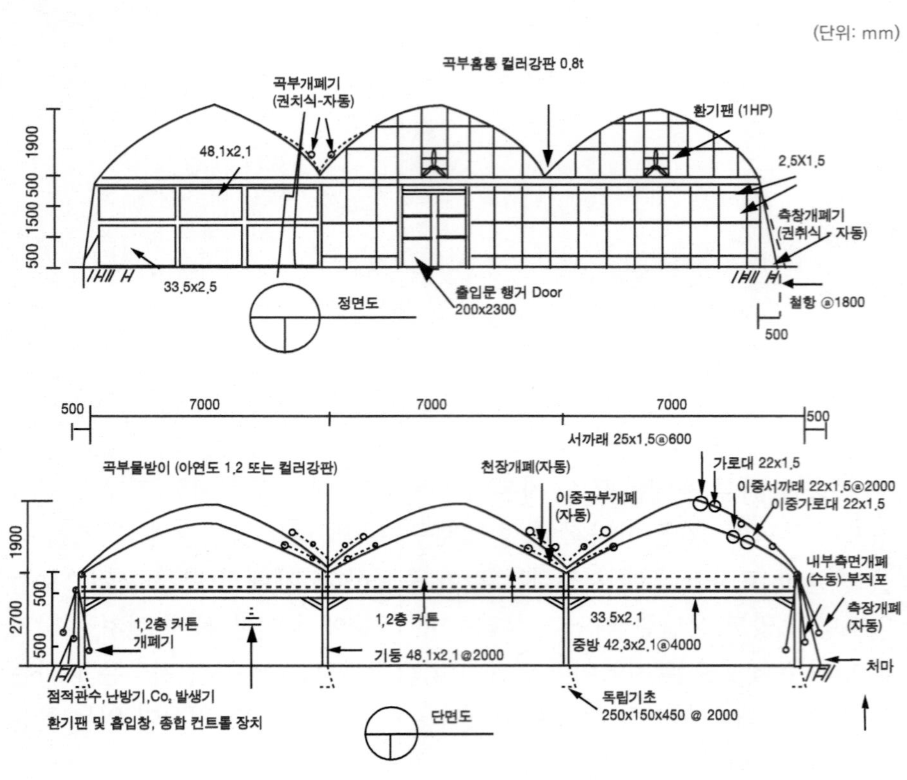

〈그림 92〉 농가보급형 1-2W형의 정면도와 단면도

04 재배 관리의 유의점

복숭아 시설 재배는 ① 시설 내에서 재배되므로 생육 기간이 노지에 비해 길고 생장량이 많아 웃자라기 쉽기 때문에 수확 후 웃자람가지 관리를 철저히 해야 하고 ② 수광량이 노지에 비해 적으므로 광 관리를 잘 하여야 하며 ③ 개화기 전후 온도 관리를 철저히 하고 ④ 생육 전반에 걸쳐 수분 관리에 유의해야 하며 ⑤ 밀식되지 않게 재식 거리를 설정하고 밀식하더라도 간벌 시기에 욕심부리지 말고 간벌해야 한다. ⑥ 다른 작목을 재배하던 시설을 이용할 경우 정확한 토양 분석에 의해 시비 관리를 해야 하고 ⑦ 시설 재배의 공통적인 특성이지만 응애, 진딧물 방제에 천적을 이용하여 관리해야 한다.

제 XIII 장
수확 및 선별

1. 적숙기 판정
2. 착색 관리 및 수확 방법
3. 수확 후 품질 변화 요인
4. 예냉
5. 기능성 포장재를 이용한 저장
6. 저장
7. 선별 및 등급 규격
8. 유통

01 적숙기 판정

가 성숙의 조만(早晩)

새순의 신장 정지기가 늦어지거나 나무 세력이 너무 강하거나 질소질 비료 등이 성숙기에 나타나는 경우 숙기가 늦어진다. 또한 열매솎기가 늦어지거나 착과량이 많으면 수확기가 지연되는 일이 많으며 성숙기에 건조가 계속되어도 숙기가 늦어지기 쉽다.

수확 직전의 관수는 당도를 떨어뜨리지만 수확 10일 전 적당량의 관수는 숙도를 회복시킬 뿐만 아니라 과실 크기 증대에도 도움을 준다. 그러나 가뭄 시 많은 양의 관수는 나무의 영양생장을 왕성하게 하므로 숙기 지연과 착색 불량을 초래하기 쉽다.

나 착과 위치와 숙기

적절한 재배 관리를 하더라도 나무의 어느 위치에 과실이 달리느냐에 따라 숙기는 보통 10일 이상 차이가 생긴다. 열매가지가 충실하고 잎 수가 적당하며 햇빛이 잘 들어오는 부위에 달린 과실은 숙기가 빠르고, 웃자람가지나 볕 쬠이 적은 열매가지에 달린 과실은 숙기가 늦어진다.

열매가지의 위치에 따른 숙기의 경우 서측 수관 아래쪽 덧원가지의 과실과 남측 수관 위쪽 수평 굵은 가지의 열매가지 과실보다 원가지 아래쪽 수관 아래쪽의 북서 또는 북쪽의 늘어진 가지에 착과된 과실의 숙기가 5~6일 늦다.

곁가지에 달린 과실을 모두 한꺼번에 수확하고 수확 1일 후에 에틸렌 배출량을 측정한 결과 에틸렌 배출량이 많은 과실일수록 경도가 낮고 숙도가 높았다.

숙도가 늦어지기 쉬운 단과지나 꽃덩이가지에 달린 과실은 중·장과지의 선단부에 맺힌 과실보다 당도가 약간 높은 경향이 있고, 같은 열매가지에 2개 이상의 과실이 달린 경우 당도는 선단부 쪽의 것이 약간 낮은 경향이 있다.

수확기의 복숭아 착색과 과육 경도는 매우 밀접한 관계가 있는데, 과정부가 먼저 착색되고 물러지는 품종('백봉' 등)과 열매꼭지 부위 또는 햇빛 닿는 면이 먼저 착색되고 물러지는 품종('백도' 등)이 있다.

다 숙기 판정

(1) 성숙일수

만개기에서 수확기까지의 성숙일수는 품종에 따라 일정하나 나무 세력, 입지 및 해에 따라 1주 전후의 차가 있다. 성숙일수는 개화·결실기의 기온이 낮거나 열매솎기 시기가 늦어지면 어린 과실의 발육이 늦어져 길어진다.

(2) 과실 바탕색의 정도

과실 바탕색은 과육의 무름 정도와 관계가 깊다. 생식용 백육계의 수확 적기는 무봉지 재배 과실의 경우 과실 꼭지부 주변의 녹색이 엷어져서 녹백색이 된 시기이고, 봉지 재배 과실에서는 푸른색이 거의 빠지고 담황록색이 된 시기이다. 무봉지 재배 과실에서 녹색이 거의 없어져 황록색이 된 것은 수확 시기가 지난 것이다. 이와 같이 과실 바탕색에 의한 수확 적기의 판정은 어렵기 때문에 일찍 수확한 과실은 실내에서 추숙시켜 과실의 바탕색과 저장성(Shelf Life)과의 관계를 조사하여 두면 좋다.

가공용으로 사용할 과실은 백육계의 경우 적숙기 4일 전 약간 미숙 단계의 과실을 수확한다.

(3) 착색 정도

과실의 착색 정도는 한 나무 내에서도 성숙도와 관계가 있고 적기 수확과를 고르는 지표가 된다. 적기 수확과의 착색 정도는 성숙기의 기상, 품종, 재배 관리 등에 의해서 상당히 달라진다. 특히 착색성이 좋은 품종에서는 착색에 현혹되어 빨리 수확하지 않도록 주의하여야 한다. 또 나무에 달린 과실의 착색 정도를 판정할 때 과실 주변에 잎이 많은 경우에는 색이 진하게 보이고 과실에 쬐는 광이 강할 때는 착색 정도가 달리 보이므로 주의해야 한다.

착색이 잘 되는 '천도' 품종은 수확 적기의 판정이 상당히 어려우므로 과실면 전부가 적색으로 되어 과실 바탕에 황록색이 거의 사라진 때 과실을 수확한다.

(4) 과실의 크기와 형태

복숭아는 수확 초기에 과실이 클수록 숙도가 이른 경향이 있지만 과실의 크기가 어느 정도 이상으로 균일하거나 수확 최성기가 되면 과실의 크기와 성숙도의 관계는 적다. 과실 모양과 성숙도의 관계는 그다지 상관없으나 미숙한 과실은 봉합선 부위가 돌출한 것으로 알 수 있다.

보통 복숭아 수확은 손바닥으로 잡은 느낌이라든가 열매꼭지의 탈락 강도에 의해 적기인지 여부를 판정할 수 있다. 복숭아를 완숙 상태에서 수확하는 만생종의 경우는 손바닥에 넣어서 과실을 잡으면 약간 탄력이 느껴지며 과실로부터 열매꼭지가 쉽게 분리되는 때에 수확한다.

(5) 품종별 숙기

숙기 판정 기준은 품종 또는 재배된 토양 조건에 따라 다르고 시비 방법에 따라 다르다.

그러므로 만개 후부터 성숙 때까지의 일수, 호흡량, 호흡 패턴, 안토시아닌의 발현 상태에 따른 착색 정도, 과육의 경도, 과실 고유의 향 등의 요인들을 고려하여 적기에 수확하여야 한다.

02 착색 관리 및 수확 방법

가 착색 관리

우리나라에서는 생식용 복숭아의 착색 관리를 소홀히 하고 있는 편이다. 일본 69개 복숭아 취급시장의 복숭아 담당자에게 설문조사한 결과를 보면 가격에 최고 영향을 미치는 요인은 식미이고, 그다음이 착색인 것으로 나타났다. 착색된 복숭아는 외관뿐만 아니라 과피가 단단하여 저장성이 좋고 품질이나 영양 면에서도 우수하였다.

(1) 봉지 씌운 과실

생식용 복숭아는 착색을 좋게 하기 위하여 수확 전 봉지를 벗긴다. 직사광선을 하루 종일 받는 부위의 것은 우선 과실이 1/3 정도 나오도록 봉지를 찢어주고 며칠 지난 후 완전히 벗겨준다. 착색시킬 때에는 품종에 따라 착색 정도가 다르므로 봉지 벗기는 시기를 결정하는 것이 좋다. 그리고 직사광선을 적게 받는 부위는 한 번에 벗겨준다.

착색을 돕기 위해서는 수관 아래 바닥에 반사 필름을 깔아주는데 무봉지 재배의 경우 착색이 쉬운 품종에서는 수확 개시 2~3일 전, 착색이 중간 정도인 품종은 수확 개시 4~5일 전, 착색이 어려운 품종에서는 5~7일 전에 실시한다. 봉지 재배의 경우에는 봉지를 벗긴 후 바로 깔아준다. 다만 이때에는 웃자람가지를 제거하여 햇빛이 멀칭재료에 잘 반사되도록 해야 한다.

표73 복숭아 품종별 착색 정도와 봉지 벗기는 시기

착색 정도	품종	봉지 벗기는 시기 (수확 전 일수)	
		반 벗김	완전히 벗김
착색 쉬움	일천백봉, 창방조생, 대구보, 장택백봉, 마도카	4~7	3~4
중간	아카츠키, 천중도백도, 가납암백도, 수미, 미홍	7~10	5~6
착색 어려움	미백도, 기도백도, 진미	10~14	8~9

(2) 무봉지 재배 과실

햇볕이 잘 드는 위치의 무봉지 재배 과실의 경우 착색이 너무 많이 되어 외관이 나쁘게 되지 않도록 하고 수관 내부 또는 가지 아래 부분의 햇빛이 잘 들지 않는 곳은 착색이 나쁘지 않도록 한다.

착색을 균일하게 하기 위하여 착색 개시 시기에는 아래 가지를 끌어올리고 복잡한 부분의 웃자람가지를 제거하여 수관 내부의 과실도 적당하게 착색이 되도록 하여야 한다.

나 수확 적기 결정

복숭아는 수확 적기가 매우 짧은 과실이기 때문에 수확 적기를 놓치지 않는 것이 매우 중요하다. 또 다른 과실과 달리 과육 또한 쉽게 물러지므로 출하 방식과 생산지에서 소비지까지의 유통기간을 고려하여 적기에 수확하여야 한다.

복숭아는 최종 과일 크기의 2/3가 성숙 20~40일 전부터 성숙기까지의 기간 동안에 생장하고 과일 중 총 고형물의 50%가 단시일 내에 증가된다. 복숭아는 과육의 경도와 과피의 빛깔, 향기 등에 따라 성숙기를 3단계로 나눈다.

경숙기는 성숙 초기로서 품질과 맛이 충분하지 못하지만 생식용 품종을 원거리 시장으로 수송할 때는 이때 수확해야 안전하다. 이러한 의미에서 이 시기를 시장 출하 성숙기라고도 한다. 완숙기에는 과피의 빛깔이 담황색 또는 유백색이 되고, 과육은 품종에 따른 고유의 품질과 맛을 나타내므로 생식용과 근거리 시장 출하용은 이때 수확한다. 완숙기로부터 며칠만 지나도 난숙기가 된다. 백도와 같이 저장성이 강한 품종은 수확을 약간 늦추어도 좋지만 저장성이 약한 품종은 난숙기 초기에 수확해야 한다. 난숙기는 자연낙과가 일어나는 시기로서 맛은 좋지만 저장성이 전혀 없고 시장 출하도 어렵다.

다 수확 방법

한 나무에서도 열매가지 위치나 수관의 내외부 조건에 따라 과실의 숙도가 크게 다르므로 수확 초기에는 2일마다, 최성기에는 매일 과실을 수확하는 것이 좋다.

수확 방법은 과실을 손바닥 전체로 가볍게 잡고 과실을 가지 끝으로 향하게 들어서 손가락 눌림 자국이 생기지 않도록 딴 다음 수확용 바구니에 담는다. 수확용 바구니는 압상이 생기지 않도록 내부에 부드러운 스펀지 등을 부착해서 사용하며, 안쪽으로 오므라들지 않는 플라스틱 용기 같은 것을 이용한다.

복숭아는 다른 과수보다 호흡량이 많은 과실이므로 온도가 높을수록 호흡작용에 의한 과실 내 양분의 소모가 많아져서 신선도가 떨어지고 과실이 쉽게 물러지므로 온도 조절이 중요하다. 복숭아는 되도록 낮은 온도에서 수확하여 예냉한 후 선과 및 포장을 하여야 한다. 수확은 맑은 날의 경우 온도가 낮은 오전 10시경까지 끝내는 것이 좋고, 부득이하게 온도가 높을 때 수확할 경우는 통풍이 잘 되는 그늘진 곳이나 저온 저장고 등에 옮겨 과실의 온도를 낮추어 호흡량을 적게 해준다.

수확기의 강우는 당도를 떨어뜨려 품질에 미치는 영향이 크다. 비가 내린 후에 수확한 과실은 수분을 많이 흡수하여 당도가 1~2% 낮아지고 과피가 얇아 수송력이 떨어진다. 또한 압상을 입거나 부패하는 경우가 많으므로 비 온 후에는 2~3일 후에 수확하도록 한다. 봉지가 젖었을 경우에는 봉지를 벗겨 과실에 맺힌 물기를 없애고 젖은 봉지를 말린 다음에 수확을 하여야 한다.

03 수확 후 품질 변화 요인

과실은 수확 후에도 살아 있는 유기체로서 물질대사와 일반 생리작용이 유지되므로 조직의 변화가 일어난다. 과실 수확 후 품질 변화의 주요인은 생리적으로는 호흡작용과 증산작용이 있다. 유해 물질 생성과 향미 성분 상실, 기계적인 압상과 찰과상 등도 품질에 크게 영향을 미친다. 그러므로 이런 과정을 이해하는 것은 매우 중요한 일이다.

가 호흡작용

과실은 수확 후에도 호흡작용을 계속하게 되므로 산소를 흡수하고 이산화탄소를 배출하는데, 호흡기질로 생체 세포 내에 저장되어 있는 탄수화물이 분해되어 소모된다. 따라서 수확한 복숭아 과실의 저장성을 증진시키기 위해서는 과실 내 양분을 가능한 한 적게 소모시키는 것이 중요하다. 특히 복숭아는 고온기에 수확되므로 수확 직후 호흡작용을 억제시켜야 하는데 호흡작용은 온도, 습도 등에 따라 다르나 주로 온도의 영향을 많이 받는다.

주요 과실의 온도와 호흡열의 관계를 보면 과종 및 품종에 따라 다르다. 복숭아의 경우 호흡열이 0℃일 경우 과실 1kg당 12.1~18.9mw인데, 온도가 높을수록 급격히 상승하여 20℃인 경우 호흡열은 175.6~303.6mw로서 0℃와 비교하면 14.6~16.0배나 증가하므로 신선도는 그만큼 급격히 하강하게 된다.

나 증산작용

과실은 호흡작용을 통하여 유기물을 분해하고 에너지를 만드는데, 그 에너지의 상당 부분은 열로 발생하게 된다. 증산작용은 이 열을 식혀주기 위한 기능이다. 증산작용이 활발하면 과실이 시들어서 쪼글쪼글해지고 색깔이 변하여 상품성이 떨어질 뿐만 아니라 중량이 감소되어 직접적인 손실을 초래하게 된다.

과실은 85~90%가 수분으로 구성되어 있는데 이 중 수분이 10% 정도 소실되면 상품가치를 잃게 된다. 증산작용은 건조하고 온도가 높을수록 그리고 공기의 움직임이 심할수록 촉진된다. 또 과실의 표피 조직이 상처를 입었거나 절단된 경우는 그 부위를 통해 수분 발산이 증가한다.

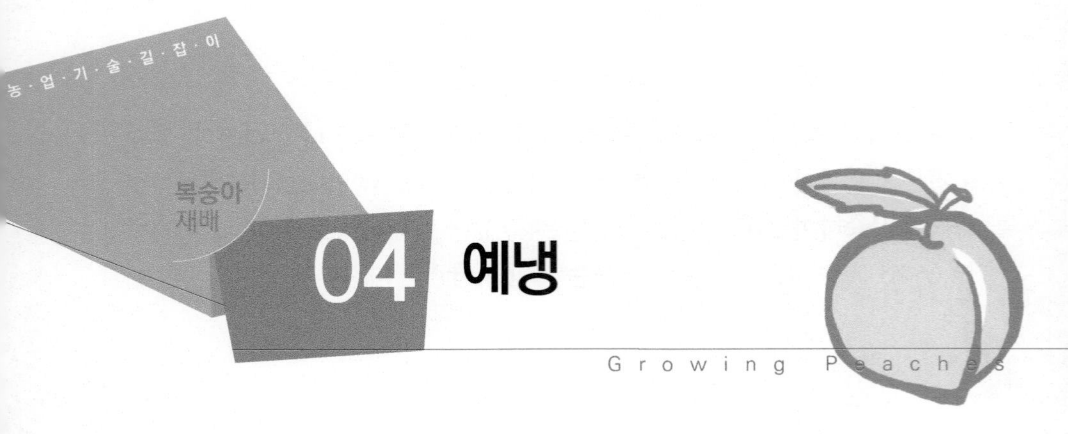

04 예냉

가 예냉의 중요성 및 효과

고온기에는 과실 수확 직후 빠른 시간 내에 호흡을 억제시켜 영양분과 물성의 변화를 적게 하는 것이 유리한데, 과실의 온도를 낮추어 주는 것을 예냉이라 한다.

기온이 5℃ 상승함에 따라 과실의 품질 변화 속도는 2~3배 증가한다. 복숭아 '백도'의 경우 예냉을 한 과실과 그렇지 않은 과실을 냉장차에 75시간 동안 보존한 결과 예냉을 하지 않았던 과실의 이산화탄소 배출량이 월등히 높았다. 또한 예냉 유무에 따른 유통 중 부패율의 경우 예냉을 한 과실은 냉장차에서 5일 동안 보존했을 때 부패율이 없었으나 예냉을 하지 않은 과실은 반부패 12.1%, 모두 부패 9%로 21.1%의 부패과가 발생되었다. 또 과실을 32℃에서 1시간 보관하는 것은 10℃에서 4시간, 0℃에서 7일간 보존 기간에 상응하는 품질 노화가 발생하므로 수확 후 예냉은 과실의 신선도 유지에 대단히 중요하다.

나 예냉 방법

예냉 온도는 0~3℃이며 예냉 방법으로는 강제통풍냉각, 차압통풍냉각, 진공냉각이 있다. 우리나라에서는 복숭아 과실의 예냉은 많이 이루어지고 있지 않으나 예냉은 과실의 신선도 유지를 위해서 꼭 필요하다. 그러나 적당한 예냉 시설이 없는 곳에서는 수확 직후 과실을 건물의 북쪽이나 나무 그늘 등 통풍이 잘되고 직사광선이 닿지 않는 곳을 택하여 잠시 보관한 후 포장함으로써 예냉 효과를 얻기도 한다.

(1) 강제통풍냉각

강제통풍냉각 장치는 우리나라 대부분의 저온 저장고 형태로, 실내 공기를 냉각시키는 냉동장치와 찬 공기를 과실 상자 사이로 통과시키는 공기순환장치로 구성된다. 시설은 비교적 간단하나 예냉 속도가 늦고 가습 장치가 없을 경우 과실의 수분 손실을 가져올 수 있는 단점이 있다.

(2) 차압통풍냉각

차압통풍냉각 장치는 예냉실의 냉기가 과실 상자 사이에 강제적으로 순환되도록 하여 냉기와 과실의 열 교환 속도를 빠르게 하기 때문에 강제통풍냉각보다 예냉 효과가 좋다.

(3) 진공예냉

진공예냉은 예냉실 내의 압력을 내려 과실 표면의 수분을 증발시키고 이때 발생하는 물의 증발 잠열을 이용함으로써 과실을 냉각시키는 장치이다. 진공예냉을 위해서는 예냉실의 압력을 낮추어야 하는데, 이를 위해서는 충분한 압력에 견딜 수 있는 밀폐된 예냉실과 진공펌프가 있어야 한다. 그러므로 진공냉각은 다른 예냉 방법에 비하여 시설비가 많이 소요되지만 예냉 속도가 빠르고 편리할 뿐만 아니라 적재된 과실을 균일하게 냉각시킬 수 있는 이점이 있다.

〈그림 93〉 차압예냉기를 이용한 복숭아 예냉

다 복숭아의 예냉 효과

복숭아의 예냉에 관한 보고는 이미 외국에서도 보고된 바 있으며 아울러 국내에서도 그 효과를 인정하고 있다. 그러나 국내 유통 단계에서는 거의 이루어지지 않고 있는 형편이며 예냉 시설에 대한 소요 경비의 부담도 배제할 수 없다.

표74 '미백' 복숭아 완숙과 예냉 효과

구분	당도 (°Bx)	색도 (Hunter b)	이산화탄소 (ml/g/h)	에틸렌 (nl/g/h)	총산 (%)
무예냉 상온(저장 5일)	9.5	28.5	35.6	19.8	0.24
예냉 저온(저장 20일)	9.8	23.7	2.4	0.12	0.21

보통의 저온 저장고를 이용하여 수확 후 3시간 이내에 예냉 처리한 효과를 검토한 결과 과실 경도의 변화는 상온 유통의 경우 처리 2일 만에 급격한 경도 저하를 나타내 품질 변화가 심하다. 0~3℃ 및 10℃에서 예냉 처리 후 상온에 유통(과실 온도가 저장고 온도와 동일할 때 유통)시킨 것은 상온에서 그대로 유통시킨 것보다는 경도 떨어짐이 다소 완만하였으나, 수확 후 4일째부터는 거의 같은 수준의 경도를 보였다. 따라서 복숭아 과실의 저온에서의 예냉 후 상온 유통 시에는 유통 초기에 효과가 크다.

예냉 처리 시 과실의 부패과율에 있어서도 상온에서 유통된 과실은 수확 후 4일째부터 부패가 시작되었으며 5일째에 28%의 부패과율을 보였다. 반면 0~3℃ 및 10℃에서 예냉 처리 후 상온에 유통된 처리구는 수확 후 10일이 되어서야 27%의 부패과율을 보여 예냉 처리가 복숭아의 부패율 감소에 효과적인 것으로 나타났다.

표75 '창방조생' 완숙과 예냉 효과

구분	당도 (°Bx)	색도 (Hunter b)	이산화탄소 (ml/g/h)	에틸렌 (nl/g/h)	총산 (%)
무예냉 상온(저장 5일)	10.5	26.4	37.9	21.4	0.24
예냉 저온(저장 20일)	9.9	25.1	1.07	0.94	0.28

05 기능성 포장재를 이용한 저장

복숭아는 과육의 특성상 연화되기 쉽고 곰팡이 등에 의해서 부패·변질될 우려도 있으며 유통기간도 짧아 단경기 홍수 출하에 의한 가격 하락이 심하다. 하지만 복숭아를 예냉한 후 기능성 포장재를 활용하여 5~7℃ 정도의 저온 저장을 하면 선도 유지와 저장 기간을 연장할 수 있는 새로운 기술이 개발되었다.

가 기능성 포장재란?

일반적으로 과실은 채소와 달리 수확 후 호흡이 급상승하게 된다. 복숭아도 마찬가지로 예냉을 하지 않고 일반 PE 포장을 하게 되면 물방울 맺힘 현상이 나타나 그 물방울에 의해 부패 미생물이 발생되기 쉽다. 그러나 가스 투과성이 조절된 cpp(cast polypropylene) 필름에 계면활성 처리한 방담(放曇, Anti-fogging) 필름을 사용하면 물방울 맺힘을 방지할 수 있다. 또한 방담 필름에 천연 항균제(키토산, Chitosan)처리를 하면 복숭아에 발생하기 쉬운 *Rhicopus*속 곰팡이 발생과 반점을 막을 수 있다.

상온에서 복숭아 '미백'의 부패율을 조사한 결과 포장하지 않은 것은 저장 4일 후 약 20% 정도가 부패되어 있으나 기능성 포장재를 이용한 것은 1.7%로 낮았다.

나 기능성 포장재를 이용하면 20일간 선도 유지

기존에는 복숭아를 포장하거나 저온에 저장하지 않았다. 하지만 예냉하여 품온을 낮춘 복숭아를 기능성 포장재로 포장하여 저온 저장을 하면 포장재 내외의 온도 차가 적어 흔히 생기는 물방울에 의해 품질이 저하·부패되는 현상이 줄어든다.

5~7℃ 저온 저장고에 무포장 상태로 저장한 복숭아 '미백'은 저장 20일 후 부패율이 30%인 데 반하여 예냉 후 기능성(항균+방담) 포장·저장한 복숭아는 부패율이 8%로 낮았다.

표76 저장 온도에 따른 미백 복숭아의 과실 특성

구분		부패율 (%)	경도 (N)	당도 (°Bx)	총산 (%)	색도 (L)
입고 시		0	17.6	9.3	0.4	31.6
상온 (4일 저장 후)	무포장	20	13.3	9.2	0.3	29.0
	F.F[1]	1.7	16.0	9.3	0.3	29.0
저온 (20일 저장 후)	무포장	30	2.9	7.3	0.2	16.2
	F.F	8.0	9.8	8.8	0.3	27.5

1 F.F(Functional Film): 기능성(방담 + 항균) 필름

또한 이화학적 특성을 조사한 결과 예냉 후 기능성 포장재를 이용하여 저온 저장을 하면 20일까지는 당도, 색도 등이 입고 당시와 비교할 때 별 차이가 없었다.

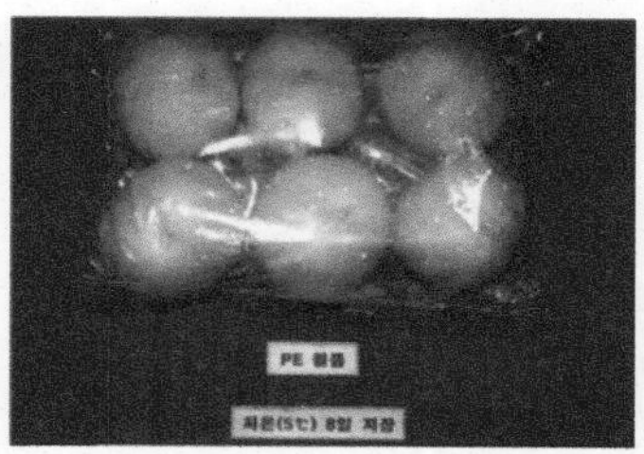

〈그림 94〉 '미백' 복숭아의 온도별 기능성 포장재 저장 효과

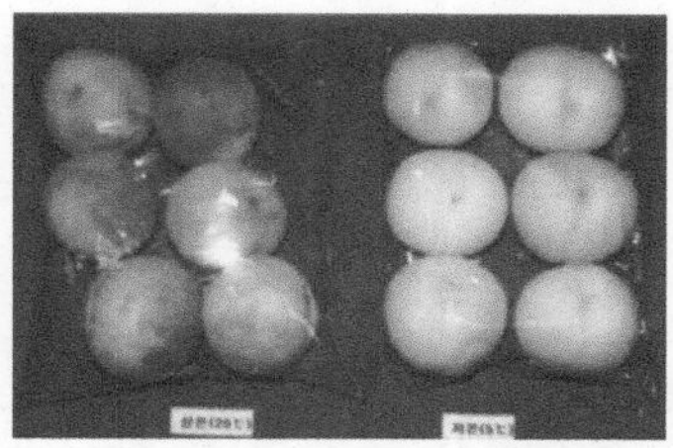

〈그림 95〉 '미백' 복숭아 포장재 활용 저장 효과

06 저장

복숭아 수확기는 보통 한여름이고 수확 후 잠시만 직사광선에 노출되더라도 과실의 품온이 38~40℃까지 상승하므로 수확 즉시 직사광선이 닿지 않는 그늘진 곳이나 통풍이 잘되는 곳에 두어 품온의 상승을 방지한다. 또한 수확 후 연화 및 부패가 빠르게 진행되므로 가능한 한 예냉 처리하여 출하하는 것이 바람직하다. 차압통풍냉각 및 진공예냉 등 별도의 예냉 시설이 없을 경우에는 저온 저장고를 이용한다. 즉 저장고 내부 온도를 단계적으로 낮추고 대형 선풍기 등을 이용하여 찬 공기를 강제적으로 순환시켜 과실의 품온이 가능하면 빨리 떨어지도록 조치한다.

0~3℃ 저온 저장의 경우 복숭아의 품종이 다양해 일부 품종에서는 섬유질화, 내부 갈변 등 저온장해 현상이 나타날 수 있어 장기 저장 방법으로는 오히려 불리할 수도 있다. 만생종 복숭아 또한 장기 저장 및 유통은 사과 과실의 조생종 품종과 비교해 경쟁력이 약하다. 따라서 복숭아는 저온에서의 장기 저장 유통 방법보다는 품질을 양호하게 유지할 수 있는(특히 소매점에서) 10℃ 정도의 온도로 유통하는 것이 바람직하리라 생각된다.

복숭아는 일반적으로 저장성이 짧기 때문에 대부분의 농가에서 수확 시기가 다른 여러 가지 품종을 다양하게 재배하는 경향이 있어 장기 저장의 개념보다는 유통 중 신선도 유지 및 부패율 경감 또는 출하 시기 조절에 더욱 무게를 두는 것이 보통이다. 복숭아는 전형적인 호흡급등형(클라이맥터릭) 과일로서 상온에서는 호흡이 급격하게 증가하여 쉽게 물러져 부패하므로 가능한 한 빠른 시간 내에 예냉과 함께 저온 유통이 필요한 과실이다. 예냉 처리 후 저온 유통을 하지 않는 경우는 상온 유통 시 급격한 온도 차이로 과실 표면에 결로가 발생되지 않도록 예냉 처리 온도 조절이 필요하다.

복숭아의 상품성을 최대한 유지하기 위해서는 단지 예냉 처리만으로는 그 효과가 잘 나타나지 않을 수 있으며 유통 과정 중의 온도 조건을 조절하여 주는 것이 중요하다. 0~3℃와 10℃ 및 상온 유통 하에 복숭아의 품질 변화를 조사한 결과 0~3℃와 10℃ 조건에서 그대로 저장시킨 것은 경도 감소가 아주 완만하게 진행되었으며 수확 후 6~7일이 되어서야 경도가 급격하게 떨어졌다.

이는 복숭아 과실의 온도가 높을 시 과실의 연화에 관계하는 효소 활성 촉진과 더불어 호흡량 및 에틸렌 발생량이 증대됨으로써 과실 연화를 촉진시키는 결과가 발생하였기 때문인 것으로 생각된다. 복숭아('그레이트 점보아카츠키')는 저온(5℃)에서 1주일간 저장한 이후 상온(25℃)으로 유통할 경우 2일, 저온(15℃)로 유통할 경우 6일 정도 상품성을 유지 할 수 있는 것으로 조사되었다. 이는 과실이 물러지거나 부패과가 발생되는 비율이 전체의 20% 이하로 나타나는 시점을 기준으로 하였다.

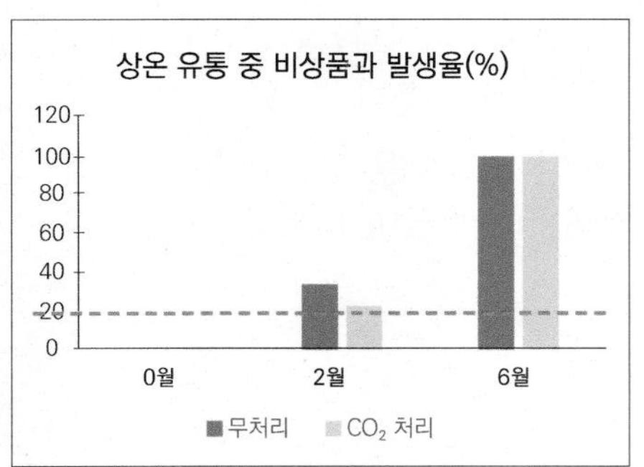

〈저온 저장 후 상온 유통 중 품질 변화〉

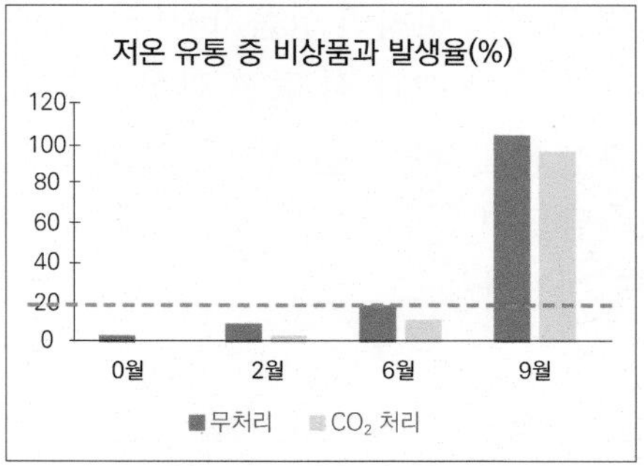

〈저온 저장 후 15℃ 유통 중 품질 변화〉

〈그림 96〉 복숭아(백도)의 저온 저장 후 상온 및 저온 유통 시 비상품과 발생율(%)

07 선별 및 등급 규격

가 선과

(1) 선과 방법

과실을 출하하기 전에 과실의 크기와 색깔에 따라 정해진 규격에 맞는 과실을 알맞게 고르는 것을 선과라고 한다. 과실의 값을 잘 받으려면 선과와 포장이 잘 되어야 하는데, 선과를 잘못하여 좋은 과실에 등급 외의 과실이 섞이면 상품가치와 신용도가 떨어지므로 선과를 잘해야 한다.

복숭아 선과 시 결점 과실(미숙과, 부패과, 병해충과, 압상과, 상처과, 부정형과 등)을 골라낸 후 착색 및 크기에 따라 과실을 구분한다. 선과에 숙달되지 않은 경우 균일도에 차이가 많이 생길 뿐만 아니라 객관성이 떨어진다.

(2) 선별 방법 및 선별 기술

과실의 선별은 품위 기준에서 제시된 각종 등급인자 및 규격에 따라 주로 인력에 의해 이루어져왔지만 산업 기술의 발전과 함께 새로운 선별방법 및 기술이 개발되고 있으며 현재 국내외에서 개발·이용되고 있는 과실류 선별기의 종류 및 방법은 다음과 같다.

표77 과실류 선별기 종류

중량식 선별기	과실 무게, 표준 무게 추, 용수철 장력 등을 이용	
광학적 선별기	계급 선별	광선차단식 영상처리식
	품위 선별	색깔-투과광식-반사광식 흠집-반사광식 형태-영상처리식
비파괴 내부 품질 판정	당도, 내부 갈변 등 (초음파, 핵자기공명(NMR), 엑스레이 투과식, 투과광식)	

현재 국내에서는 용수철을 이용한 중량식 선별기가 주로 보급되고 있는 실정이다. 일본의 경우 1991년부터 크기, 당도, 색택 및 흠집을 동시에 판정할 수 있는 영상처리식 선별기가 시판·실용화되고 있다. 당도, 내부 결함 등 내부 품질 판정을 위해 핵자기공명, 근적외선, 초음파 등을 이용한 센서의 개발 연구는 실용화 중에 있다.

가. 중량식 선별기

중량식 선별기는 선과 단계가 6~10단계이며 선별 능률은 시간당 5,000개 정도로 인력에 의한 능률보다 2~3배 높으나 선과 중 과실에 압상이 발생하기 쉽다. 이용 선과 범위는 50~1,000g이고 대상 과실은 배, 사과, 감, 복숭아 등 다양하다. 이 선과기는 이동성, 보관성이 좋은 장점이 있으나 중량 선별에 의한 계급선별만이 가능하고 정밀성 및 내구성이 떨어진다는 단점이 있다.

나. 형상 및 중량 겸용 선별기

이 선별 시스템은 일반적으로 원료 자동공급장치, 동급판정장치, 이송장치, 자동배출장치 및 자동계량 등으로 구성된다.

이와 같은 형상 및 중량 겸용 선별 시설은 복숭아, 배, 사과 선별에 이용 가능하다. 이 시스템에서 사용하는 카메라식 형상 선별기는 측정 오차가 외경에 대하여 0.3mm이고, 4단계까지 등급선별이 가능하며, 소요동력은 10m당(배출부의 길이) 약 0.4kw 정도이다.

중량에 의한 계급선별은 8단계까지 가능하며 대부분의 과정이 자동화가 되어 있고 다품목을 선별할 수 있으며, 등급·계급 선별이 가능하다는 장점이 있다.

다. 광학적 선별기

이 선별 시설은 숙도 센서부(과숙과와 미숙과를 선별함)와 컬러 센서부(색깔을 5등급으로 구분)로 과실을 분류한다. 컴퓨터 제어기(입력키보드, 선과데이터 처리장치 등)와 자동배출장치 및 포장장치로 구성되어 있으며 숙도, 색깔 및 크기에 의한 등급과 계급을 동시에 판별할 수 있어서 효율이 높다.

최근 일본에서 개발된 첨단화 선별 시스템의 하나로서, 이 시스템의 특징은 선별을 하기 전에 전자 센서를 이용해 숙도선별을 수행하는 것이다.

나 등급 규격

과실 생산자와 소비자 간의 상거래를 명확히 하고 공정거래 및 유통구조를 개선하기 위해서는 과실의 등급 규격 설정과 시행이 대단히 중요하다. 『농산물품질관리법』 제4조 및 같은 법 시행규칙 제5조의 규정에 의하여 국립농산물품질관리원장이 고시한 농산물 표준 규격은 다음과 같다.

표78 표준거래 단위

구분	표준거래 단위
5kg 미만	별도로 규정하지 않음
5kg 이상	5kg, 10kg, 15kg

※ 자료: 국립농산물품질관리원 고시(제2011-45호, 2011. 12. 21.)

표79 **표준 규격품의 표시 방법**

<table>
<tr><th>구분</th><th>표시 사항</th></tr>
<tr><td>의무 표시</td><td>표준 규격품, 품목, 산지, 품종명, 등급, 무게(개수)
생산자 또는 생산자단체의 명칭 및 전화번호</td></tr>
<tr><td>권장 표시</td><td>당도(°Bx)와 산도(%)
- 당도 표시를 할 수 있는 품종과 등급별 당도 규격(°Bx)
<table>
<tr><th>품종</th><th>특</th><th>상</th></tr>
<tr><td>서미골드, 진미</td><td>13 이상</td><td>10 이상</td></tr>
<tr><td>치요마루, 유명, 장호원황도, 천홍, 천중도백도</td><td>12 이상</td><td>10 이상</td></tr>
<tr><td>백도, 선광, 수봉, 미백</td><td>11 이상</td><td>9 이상</td></tr>
<tr><td>포목조생, 창방조생, 대구보, 선프레, 암킹</td><td>10 이상</td><td>8 이상</td></tr>
</table>
- 크기(무게) 구분에 따른 호칭 또는 개수</td></tr>
</table>

※ 자료: 국립농산물품질관리원 고시(제2011-45호, 2011. 12. 21.)

표80 **크기 구분**

구분 \ 호칭		2L	L	M	S
1개의 무게 (g)	유명, 장호원황도, 천중도백도, 서미골드 및 이와 유사한 품종	375 이상	300 이상 375 미만	250 이상 300 미만	210 이상 250 미만
	백도, 천홍, 사자조생, 창방조생, 대구보, 진미, 미백 및 이와 유사한 품종	250 이상	215 이상 250 미만	188 이상 215 미만	150 이상 188 미만
	포목조생, 선광, 수봉 및 이와 유사한 품종	210 이상	180 이상 210 미만	150 이상 180 미만	120 이상 150 미만
	백미조생, 치요마루, 선프레, 암킹 및 이와 유사한 품종	180 이상	150 이상 180 미만	125 이상 150 미만	100 이상 125 미만

※ 자료: 국립농산물품질관리원 고시(제2011-45호, 2011. 12. 21.)

표81 출하 등급 규격

항목	특	상	보통
낱개 고르기	크기 구분표에서 무게가 다른 것이 섞이지 않은 것	크기 구분표에서 무게가 다른 것이 5% 이하인 것	특·상에 미달하는 것
무게	크기 구분표에서 "L" 이상인 것	크기 구분표에서 "M" 이상인 것	적용하지 않음
색택	품종 고유의 색택이 뛰어난 것	품종 고유의 색택이 양호한 것	특·상에 미달하는 것
중결점과[1]	없는 것	없는 것	5% 이하인 것 (부패·변질과는 포함할 수 없음)
경결점과[2]	없는 것	5% 이하인 것	20% 이하인 것

1 중결점과란 품종이 다른 것, 과육이 부패·변질된 것, 미숙과, 과숙과, 병해충 피해과, 상해과(경미한 것은 제외), 모양이 매우 나쁜 것, 핵할이 두드러진 것을 말함

2 경결점과란 품종 고유의 모양이 아닌 것, 외관상 핵할이 경미한 것, 병해충 피해가 과피에 그친 것, 경미한 일소·약해·찰상 등으로 외관이 떨어지는 것, 기타 결점의 정도가 경미한 것을 말함

※ 자료: 국립농산물품질관리원 고시(제2011-45호, 2011. 12. 21.)

08 유통

가 복숭아의 유통 특성

복숭아는 상온 유통 시 쉽게 변질되어 부패될 뿐만 아니라, 사과, 배 등과 달리 장기간 저온 저장을 하면 식미도가 감소하므로 장기 저온 저장이 곤란하기에 신속한 거래가 필요한 과실이다.

국내 복숭아의 유통경로는 생산자→산지 수집상→도매시장(위탁상)→도매상→소매상→소비자 단계를 거치는데, 복숭아의 경우 대부분 고온기인 여름철에 유통되므로 쉽게 물러져 변질된다.

나 유통 적온

복숭아는 수확 후 연화 및 부패가 빠르게 진행되므로 가능한 한 예냉 처리하여 출하하는 것이 바람직하다. 그러나 예냉 처리가 불가능할 때에는 수확 후 과실 온도가 빠르게 낮아지도록 하고, 유통 중에는 주위의 통풍을 좋게 하여 과실 온도의 상승을 방지하도록 하여야 한다. 유통·판매 중에 온도 조절이 가능한 경우라도 0~3℃의 저온 저장은 복숭아 과실의 품종 다양성 때문에 장기 저장이 오히려 불리할 경우가 있으며 만생종 복숭아의 장기 저장 및 유통도 조생종 사과 품종과 경합되므로 경쟁력이 약하다. 따라서 복숭아는 저온에서의 장기유통 방법보다는 품질을 양호하게 유지할 수 있는(특히 소매점에서) 10℃ 정도의 온도로 유통하는 것이 바람직하리라 생각된다.

다 일시적 저장 후 유통하는 방법

복숭아 수확 시기에 임박하여 강우, 태풍 등 기상 변화가 예상되어 어쩔 수 없이 수확해야 할 때 일시적으로 수확과를 저장할 필요가 있다. 이러한 경우 품종에 따라 차이가 있지만 백도('그레이트 점보 아카츠키')는 5℃에 1주일간 저장하였다가 다시 유통시킬 경우, 출하 하루 전에 온도를 15~20℃ 정도에 맞추고 대형 선풍기를 틀어 과실 표면에 결로가 생기지 않도록 해야한다. 이후 선과장은 외부 온도와의 편차를 7~8℃ 이내로 조정하고 최종 선별·포장·출하한다. 이 때 15℃로 유통할 경우 6일 정도, 25℃로 유통할 경우 2일 정도 유통이 가능하다.

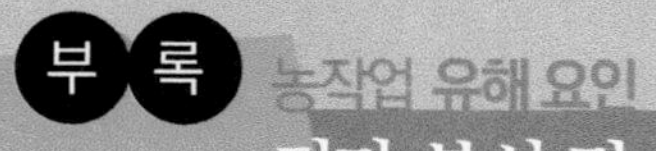

진단 분석 및 개선 방안

복숭아

■ 위험요인 : 수확, 전정·적과 (목, 어깨, 손·손목)

작업 단계	전정	수정, 적과, 봉지 씌우기	병해충 방제	수확, 선별, 포장
작업 시기	1~2월	4~6월	4~8월	7~9월
주요 유해요인	작업 자세, 손가락 힘	작업 자세, 손가락 힘	농약, 작업 자세	중량물, 작업 자세

작업 구분		문제점	주요 개선 방안
인간공학적 요인	전정, 적과, 봉지 씌우기, 수확 (작업자세)	■ 지속적으로 위를 보는 작업(어깨를 90도 이상 들어올린 상태에서 1분 이상 정적인 자세)으로 목과 어깨 부위 통증 발생 ■ 좁은 사다리 폭으로 인해 다리, 무릎 부위 부담 ■ 전정가위 사용 시 쥐는 힘으로 인해 손가락 및 손목 부위 통증	■ 고지가위 사용 ■ 목, 손목, 허리보호대 활용 ■ 개량형 사다리 사용(발판 폭 넓혀 안전성 확보 및 수평 이동이 가능) ■ 동력 전정가위 활용 ■ 규칙적인 휴식시간 갖기
	수확, 운반 (작업자세, 중량물)	■ 수확 후 상자에 담을 때 일일이 받아서 적재하는 문제(반복적인 허리 숙이기 발생) ■ 수확물 운반 시 중량물 들기 작업	■ 이동형 리프트 활용 ■ 운반 작업 부담을 덜어주는 동력 운반차 활용 ■ 수확용 보조작업대 사용
화학적 요인	병해충 방제 (농약)	■ 농약 안전보호구 착용 인식 부족 으로 농약 피부노출로 인한 급성 중독 문제 발생	■ 병해충 방제 횟수 최소화(친환경 재배로 전환) ■ SS기 운전석 캡 부착 ■ 농약 안전 보호구 착용 ■ 농약 안전 교육 실시 ■ 농약 살포 시 바람 등지고 후진하면서 작업 ■ 농약 살포 전 건강 상태 체크
물리적 요인	제초 작업 (진동)	■ 스피드 스프레이(SS기) 방제기와 예초기 작업 시 소음 및 진동 노출	■ 노출시간이 짧아 귀마개(대화가 가능할 정도여야 함), 방진마스크, 방진장갑 등의 착용으로 해결 가능

–출처 : 농촌진흥청, 「농작업 유해요인 개선 방안」, 2013.

복숭아 재배

1판 1쇄 인쇄 2024년 04월 05일
1판 1쇄 발행 2024년 04월 10일
저　　자 국립원예특작과학원
발 행 인 이범만
발 행 처 **21세기사** (제406-2004-00015호)
경기도 파주시 산남로 72-16 (10882)
Tel. 031-942-7861 Fax. 031-942-7864
E-mail : 21cbook@naver.com
Home-page : www.21cbook.co.kr
ISBN 979-11-6833-152-5

정가 27,000원